Stitch Book

玫瑰

多層次的
花瓣重重堆疊，
呈現優雅的姿態。

1

在花瓶中插入三朵盛開的玫瑰&一朵含苞待放的玫瑰花苞。可任意挑選粉色系的繡線繡出漸層的色調。

How to make p30・p38

3
胸花

2
耳環

2,3

變化顏色繡出黃色的玫瑰，作成胸花&耳環。配戴在身上的瞬間，就能襯托出華麗的氛圍。

How to make
(2) p30・p39
(3) p30・p38

4

作品**3**的異色款耳環。
外觀雖小，
卻充滿了一種雍容的存在感，
會令女性的表情更加生動、
更添美感。

How to make p30・p38

幸運草

別忘了
可以帶來幸運的
四葉幸運草……

12

在麻布包裹的盒蓋上
縫上幸運草花圈，
以紅色的小瓢蟲點綴出俏皮感。

How to make p.46・p.50

亞麻手帕／Orné de Feuilles

13 清新的幸運草花束。不論是裝飾在禮物包裝外層，或其他各式各樣的用法都充滿了趣味。

How to make p.46・p.49

14 瓢蟲＆四葉幸運草，
似乎會帶來好運的胸針。
別在襯衫胸前或包包上都OK！

How to make p.46・p.49

藍星花

五片花瓣看起來就像是
閃耀著藍光的星星一般，
是相當可愛的花朵。

15

以藍色＆白色的藍星花簡單地點綴在鐵網提籃上，優雅的姿態予人一種療癒感。是餐桌布置＆客廳中常見的花種。

How to make p.51

提籃／AWABEES

16,17　呈現出透明感的小小的藍星花胸針＆帽針。
可愛中又散發出與眾不同的存在感。

How to make p.50

香豌豆花

（Sweet Pea）

就像翩然起舞的蝴蝶，
纖細的花瓣美麗極了！

18

將華麗又優雅的香豌豆花作成花束。
以美麗的色彩，
營造出俏皮的女人味氛圍。

How to make p.52・p.54

提籃／AWABEES

從作品**18**的花束中取出數支香豌豆花
裝飾於相框上，
就像是將花插在花瓶中一般。

How to make p.52・p.54

相框、字母信紙／AWABEES

忠實地呈現出實物般的外型＆以繡線表現出顏色變化，完成纖細的花瓣。除了以麻布為底布之外，以玻璃紗代替也OK。

非洲紫羅蘭

紫楊花的一種。
將白色小花聚集在一起，
以手掬著一般
作出半圓形的
盛開花束。

20

將優雅的小白花搭配上綠色的葉子，插在小水壺中，整體造型相當合襯非洲紫羅蘭圓圓的花形。可藉此營造出純潔＆纖細的擺設風格。

How to make p.55

Nathalie LETE・點心盤／Orné de Feuilles

21

以淡色調作出充滿羅曼蒂克風味的髮梳。
不論是和服或洋裝都很適合，是能夠襯托出穿戴者明亮優雅氣質的髮飾。

How to make p.54

22

掛在耳垂上時，會有節奏地擺動著的兩朵小花。
只需要些許時間＆繡線即可完成，相當推薦給首次挑戰的初心者。

How to make p.54

水仙花

純淨且冷凜的外型，
正是印象中熟悉的
和風美感。

23

將水仙花裝點在和風籐籃中。若想轉換氛圍，玻璃花器也是很棒的選擇。
搭配室內擺設，享受一段愉快的時光吧！

p.56・p.57

24

能襯托黑髮美感的別緻髮插，也是具有觀賞性的飾品。
彷彿飄散出濃郁的香氣，是相當美麗的裝飾。

How to make p.56・p.57

野莓

大紅色的樹莓＆
紫色的藍莓……
收集了各種
美麗顏色的莓果。

25

將顏色深濃、極其豔麗的莓果放入框中。邊長17.5cm的表框，不論是用來裝飾或作成作品，都是再適合不過的尺寸。

How to make p.58・p.59

26,27

不限於樹莓、黑莓、蔓越莓、醋栗、藍莓……
試著將各種喜愛的莓果作成胸針吧！
可利用市售的包釦製作。

How to make p.58・p.59

包釦・胸針組 Clover

葡萄

結實纍纍的葡萄
是以繡線纏繞木珠
製作而成。

28,29

以葡萄串裝飾葡萄酒瓶，
作為禮物或參加派對都相當應景。
無論裝飾紅酒或白酒都很適合。

p.60

28

29

在以天然葡萄藤所編製的手提籃上
別上作品**28**＆**29**的葡萄串，
裝點出獨特的魅力，
獨樹一格＆具有時尚感。

槲寄生

槲寄生是能帶來
幸福的神聖樹木。
佟木上的棘據說耶穌受難時
染上的鮮紅鮮血，
是聖誕節不可或缺的
代表性植物。

30

在迎接客人的耶誕花環上
纏繞槲寄生＆野玫瑰作為裝飾，
基礎結構則是使用一般市售的乾燥藤圈。
作品透露出將迎來一個美好的聖誕節般的興奮感。

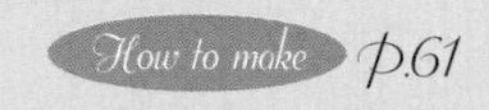
How to make p.61

31.32

也幫燭台作個時尚的造型吧！
以槲寄生裝飾白色燭台，紅色燭台則以柊木圍繞一圈作為裝飾。

How to make p.62

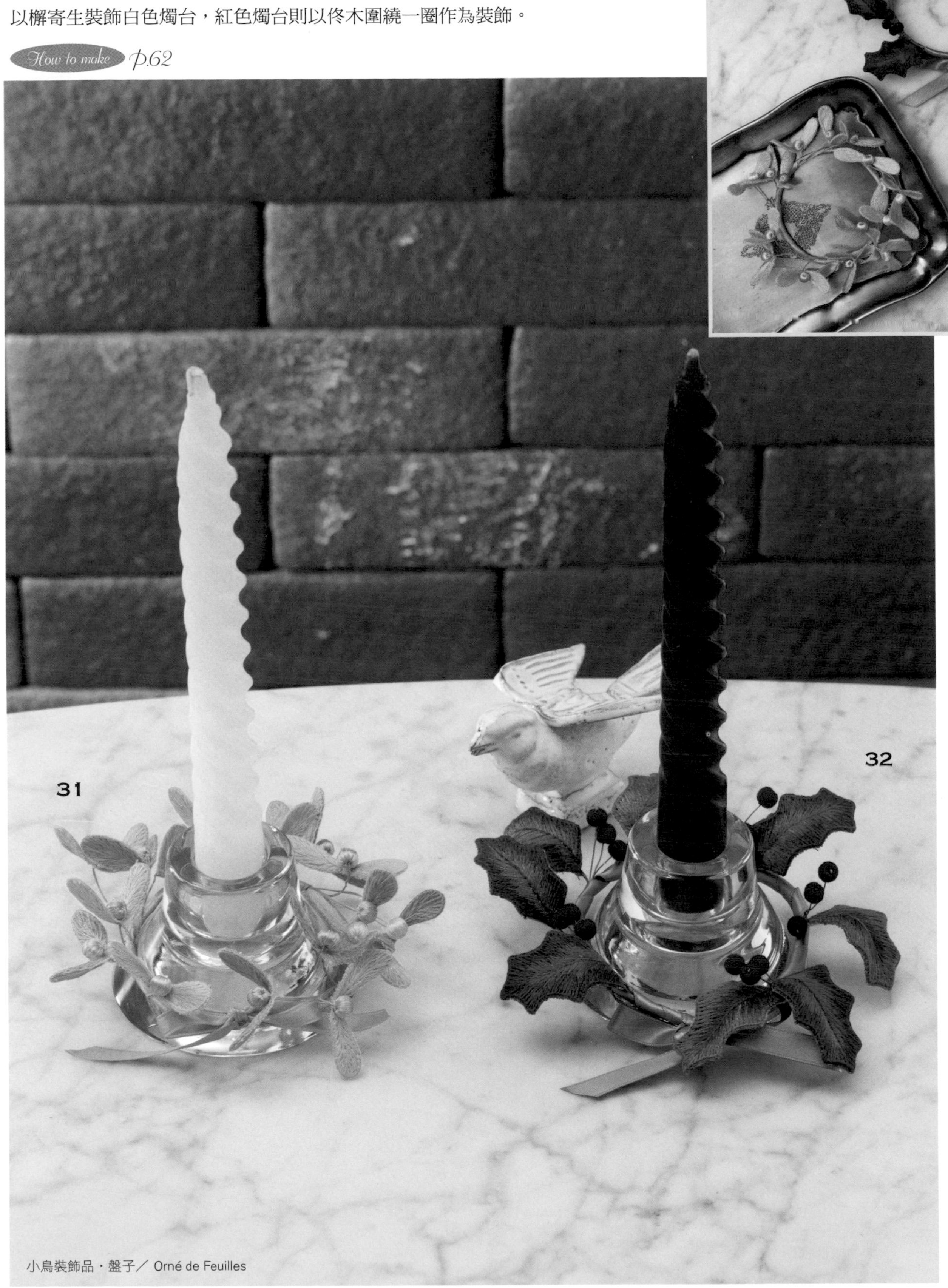

小鳥裝飾品・盤子／ Orné de Feuilles

山茶花

椿，山茶花，
是日本自古以來
代表著東洋傳統美感
的花朵。

33,34,35

米色、白色、咖啡色的別緻山茶花胸針。因為造型簡單，就算一次別上兩朵也不會顯得分量過重，能為臉龐增添一份華麗感。

How to make p.63

橢圓形邊桌／AWABEES　羅緞帶／SHINDO

How to make

立體花刺繡の作法

立體花刺繡並不是在立體基礎上進行刺繡的作品，
是利用鐵絲在固定的底布上鉤勒輪廓＆進行刺繡再裁剪下來，
以鐵絲為支架雕塑成立體花形的刺繡花朵。
接下來，將依序介紹作法步驟、材料、工具、各種繡法，
以及所有欣賞作品的重點作法說明。
除了以玫瑰為代表解說立體花草刺繡的基本繡法之外，
其他如幸運草、香碗豆花、野莓等，
也都會詳細解說每個步驟。
只要試著作一次，
就會瞭解立體繡花遠比你想像的簡單。
請務必動手挑戰看看喔！

立體花刺繡の基礎

從一片底布到花朵成型過程的步驟簡介。

1 將圖案複印至底布上

P.30

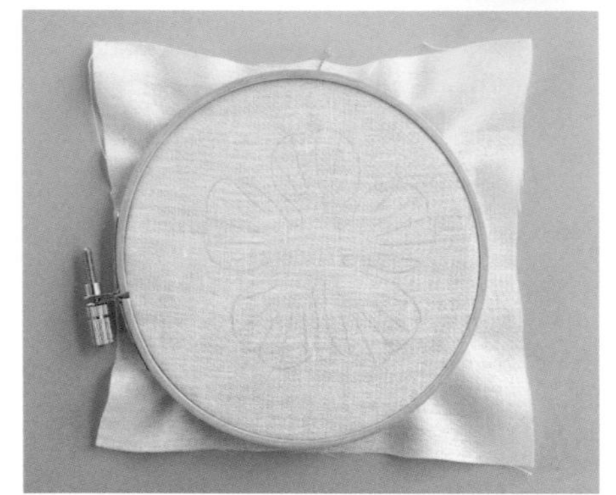

將圖案複印至布料＆固定上繡框。

2 將鐵絲沿著圖案輪廓縫牢固定

P.30

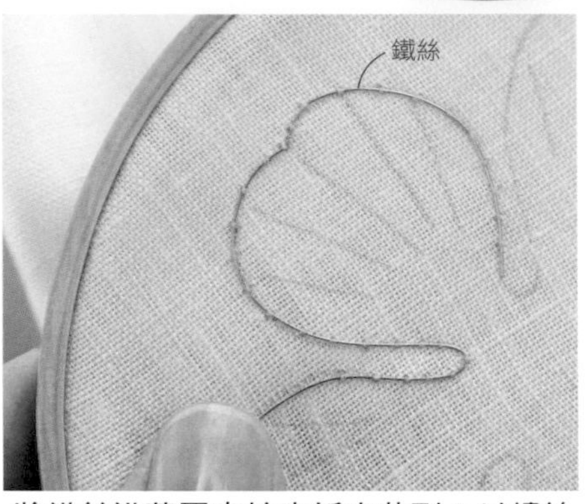

將鐵絲沿著圖案輪廓折出花形＆以繡線縫牢固定。

3 沿著鐵絲刺繡，填滿圖案

P.31

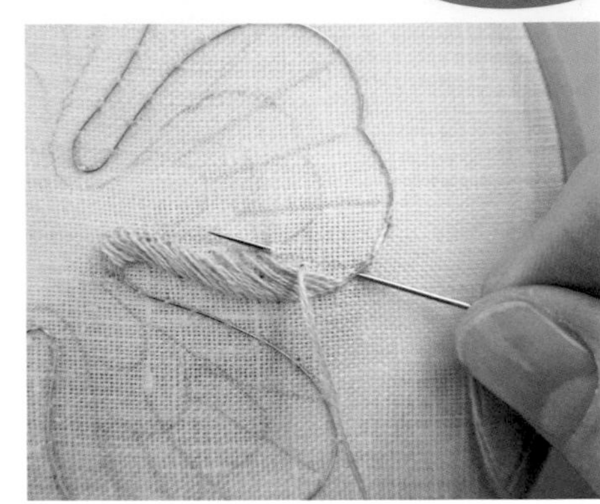

由外而內跨過鐵絲繡出完整花形。

4 沿著鐵線邊緣裁剪

P.34

沿著輪廓將花片從布上裁剪下來。

5 製作花蕊

P.34

以鐵絲作為花莖，捲上花蕊，將花莖鐵絲穿過花片中心。

6 彎折鐵絲雕塑出花形

P.35

彎折花片輪廓的鐵絲雕塑出花朵的形狀。

7 最後裝飾

P.35

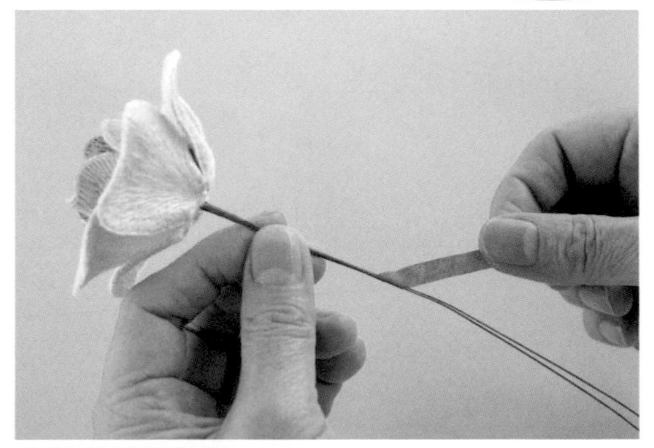

以膠帶纏繞花莖。

完成！

材料

主材料共三項：「繡線」、「底布」、「鐵絲」。
再依作品需求準備花藝膠帶或珠光花蕊等。

●繡線

市售的繡線有Cosmo、Olympus、Anchor及DMC等各種品牌，本書使用DMC繡線。

※繡線提供　DMC株式會社（DMC繡線）

25號繡線

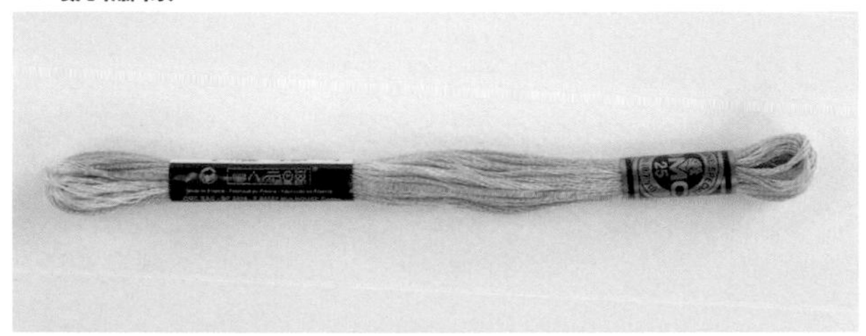

由6股細線集合成一束的繡線，使用時抽出方便使用的長度，也可以依照需要只取用部分股數。

亞麻緞面繡線

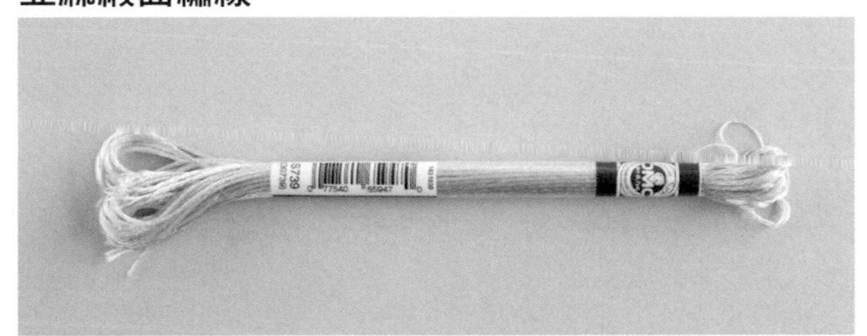

一種帶有光澤感的繡線。與25號繡線相同，可視需求只取用需要的股數。

25號繡線（color variation）

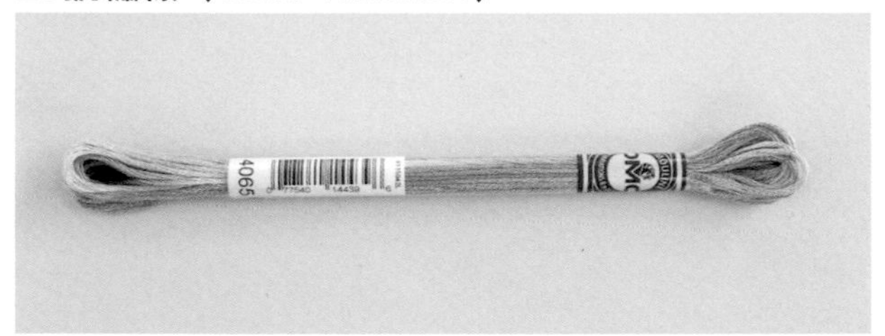

25號繡線的一種，在同一股中有多種顏色變化。因為具有漸層效果，適合用來製作紅葉類的葡萄葉子。

8號繡線

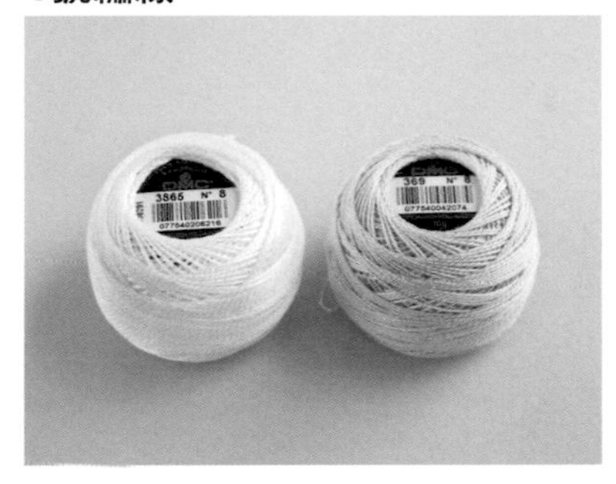

屬於較粗的繡線，一次使用一股。呈毛線般的球狀，適合用來製作四葉草花。

●底布

底布大多以麻布為主。亦可依作品需要選擇不同厚度的布料，顏色則以白色較為普遍。

※麻布提供　麻布館
（）中為商品編號

麻布・薄（0701）

適用於水仙、藍星花、野玫瑰及甜豌豆花等小巧柔和的花朵。

麻布・中厚（5000F）

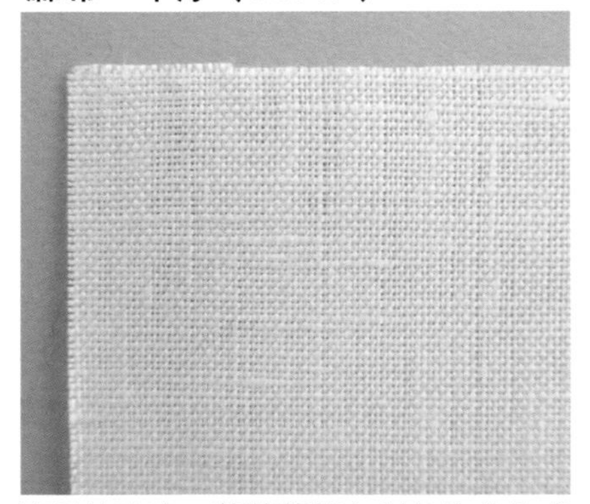

適用於玫瑰、葡萄葉等有刺角的花朵或葉子。

絲綢玻璃紗

具有十足的透明感，適用於甜豌豆花。

●鐵絲

主要使用兩種鐵絲，作為花片輪廓線條的是不鏽鋼材質的鍍銀鐵絲，
作用於莖幹＆葉子的則是花藝鐵絲。

極細鐵絲。鐵絲的號數愈大愈細。

裸線鐵絲

鍍銀＃34（小花用）
鍍銀＃30（大花用）

花藝鐵絲

＃26…莖幹用
＃28…莖幹用
＃30…葉子輪廓用＆莖幹用

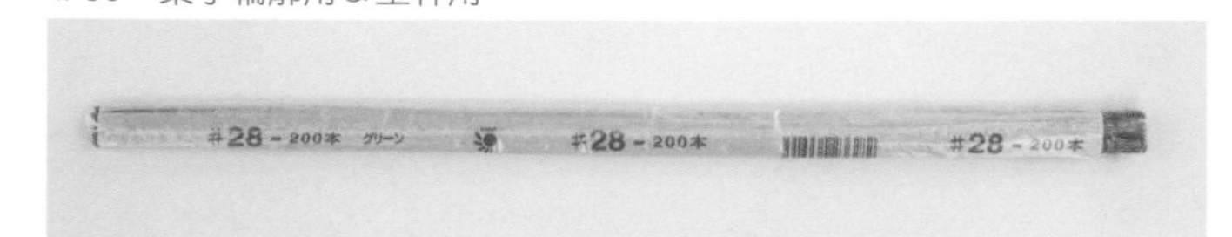

是一種外層纏紙的鐵線，分為白色＆綠色兩種，
同樣也是鐵絲數號愈大愈細。

●其他次要材料

依作品需求準備。花蕊＆花藝膠帶可從手工藝用品店購得，繃帶則可在藥房購買。

珠光花蕊

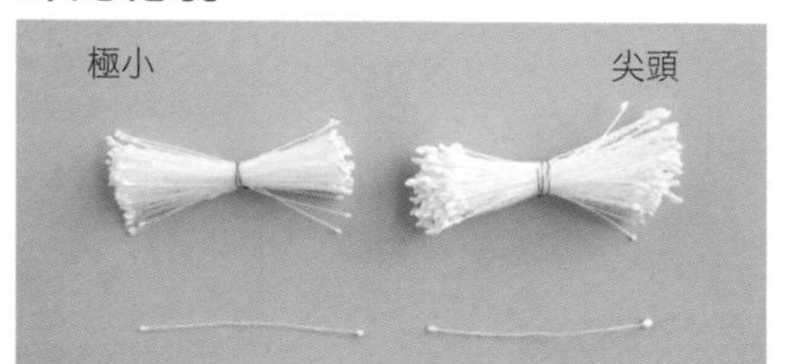

可以用來製作水仙＆野玫瑰的花蕊。

黏性繃帶

環狀的繃帶可以互相沾黏，用來製作花蕊。

花藝膠帶（0.5cm寬）

纏繞莖幹的膠帶。

工具

刺繡專用的繡針＆繡框，另需準備剪刀。

繡針

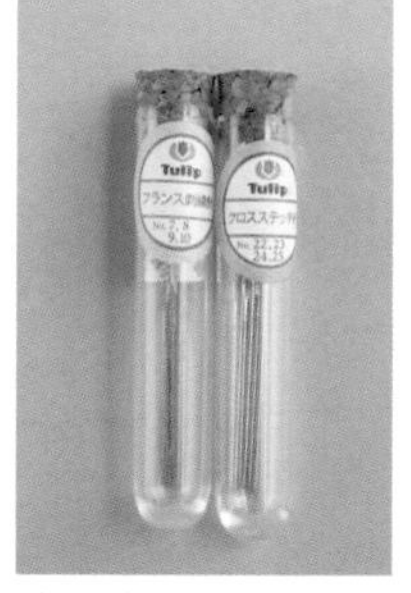

法國繡針No.6至No.8（左圖）
十字繡針（右圖）
刺繡時建議使用法國繡針，但在製作果實時，可以使用針頭較為圓鈍的十字繡針。

※繡針 Tulip株式會社

繡框

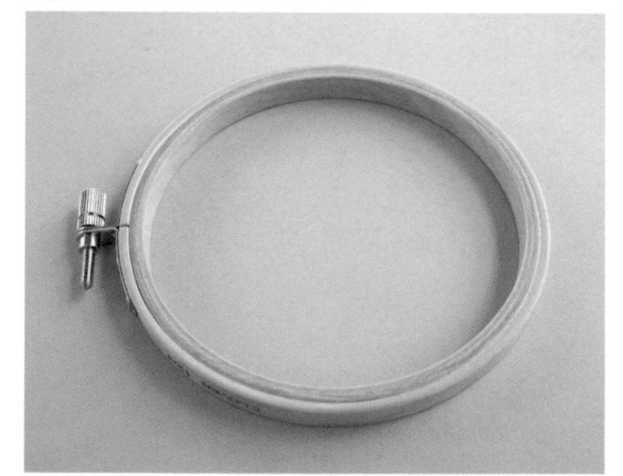

建議準備10cm至12cm大小的繡框。

麥克筆（Copic Sketch）

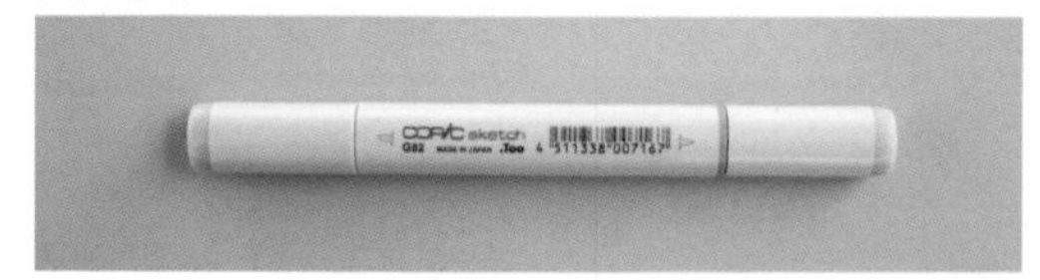

標記用。易著色且不會褪色的設計用筆。用於塗寫在布上，可使些許空隙處的白色底布較不顯眼。

手工藝用剪刀（用於剪繡線）

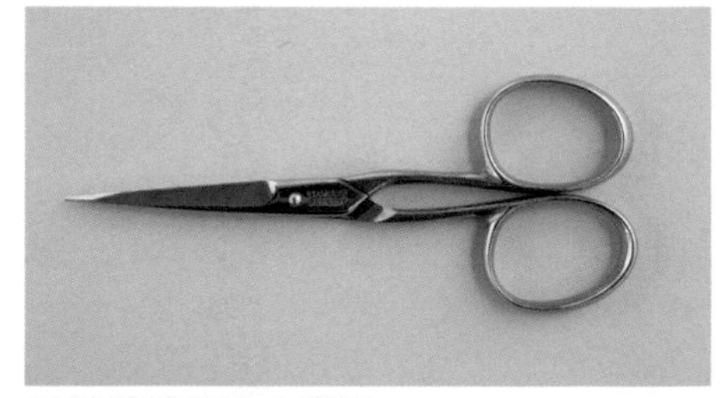

用於剪繡線的小剪刀。

工作用剪刀（用於剪斷鐵絲）

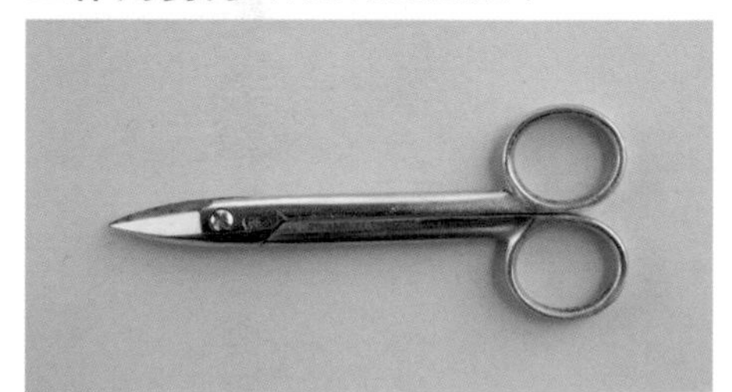

除了剪繡線的剪刀之外，需另外準備一把剪刀。

刺繡針法

長短針繡

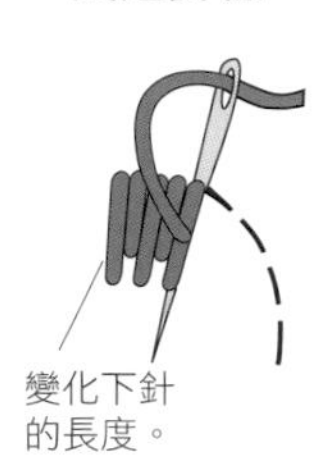

緞面繡

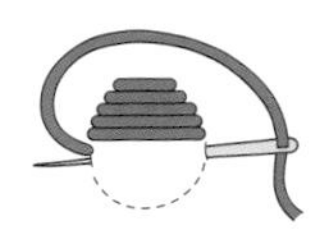

直線繡

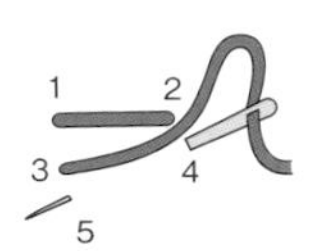

毛邊繡

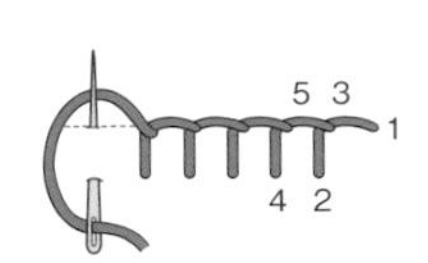

輪廓繡

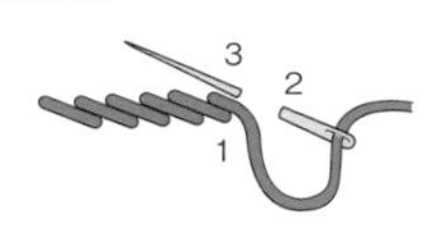

p.2 **1**

原寸紙型

※（ ）內的數字表示繡線的股數。
※ 花瓣使用長短針繡法。

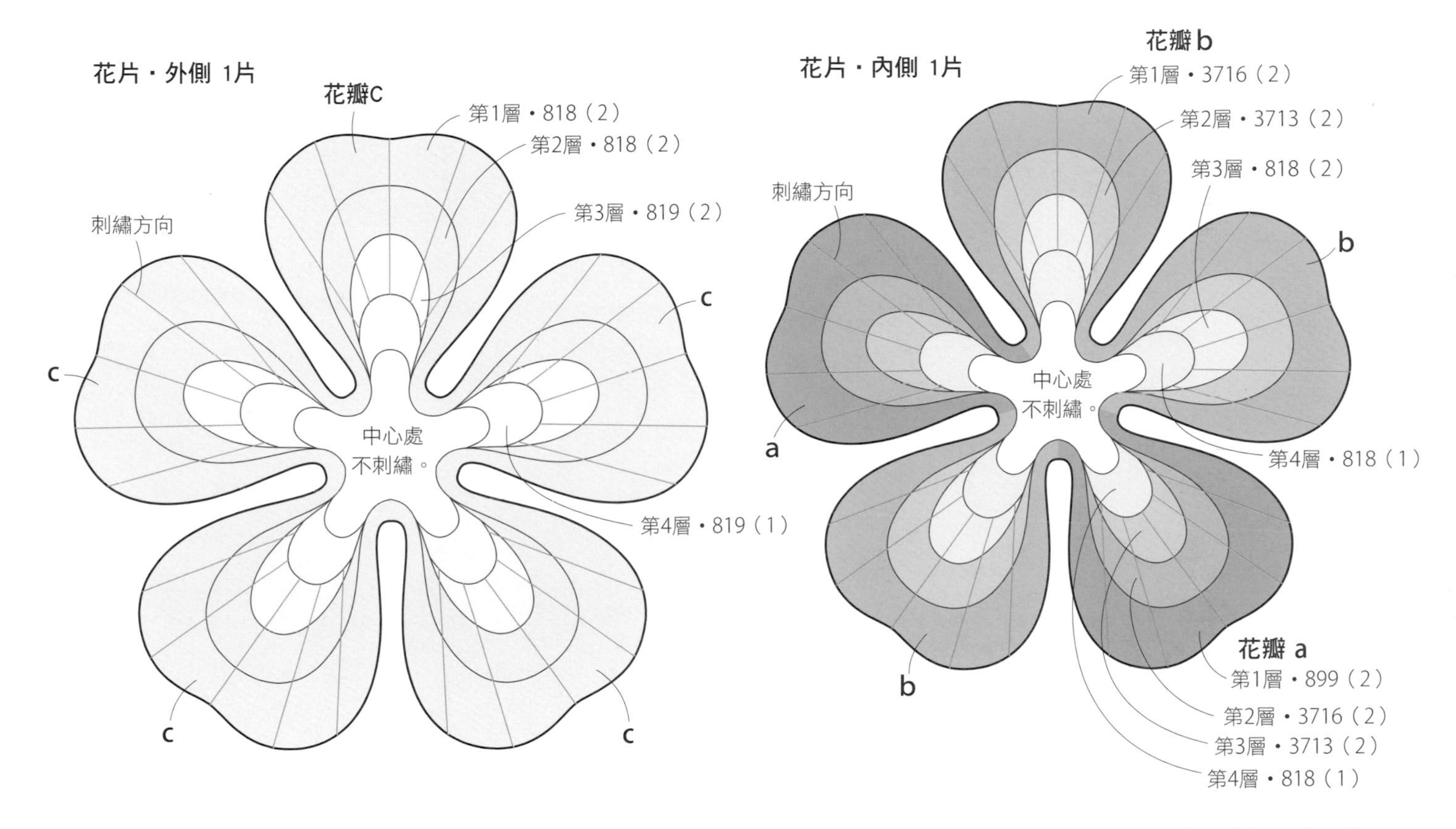

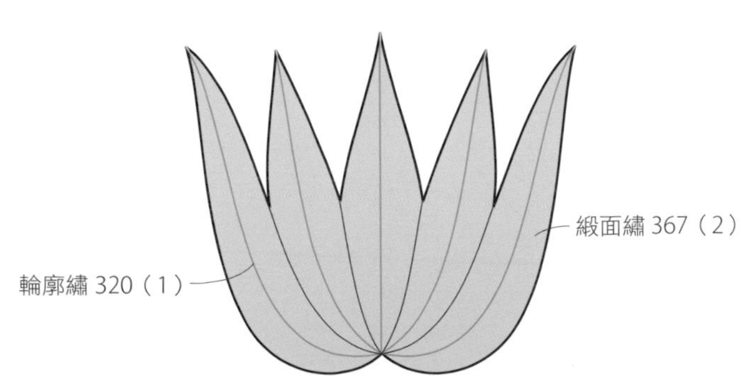

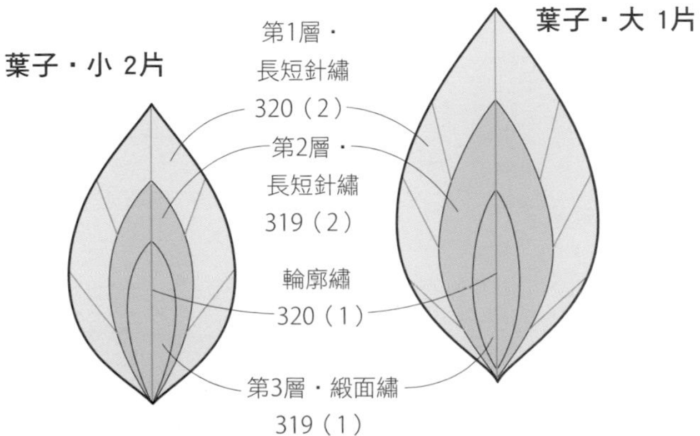

p2・p3 玫瑰

認識了花朵的基本作法之後，開始進行玫瑰花的刺繡吧！
將底布縫上鐵絲＆開始刺繡，繡好後裁剪下來就完成囉！

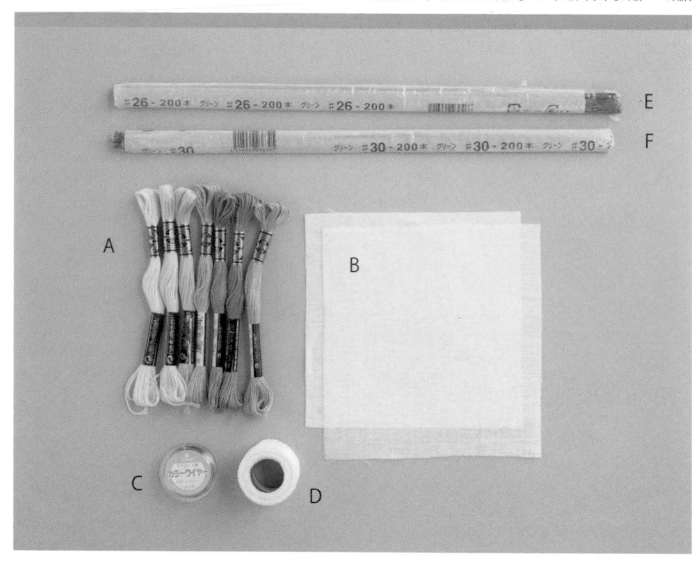

＊花的材料（1朵）
25號繡線（818・819・899・3713・3716）……A
麻布（中厚）15cm×15cm×2片……B
鐵絲＃30（裸線）……C
黏性綳帶……D
花藝鐵絲（綠色）＃26……E

＊葉子材料（1支）
25號繡線（319・320）……A
麻布（薄）15cm×15cm×3片……B
花藝鐵絲（綠色）＃30……F

＊花萼材料（1個）
25號繡線（320・367）……A
麻布（薄）15cm×15cm ……B

原寸紙型參見P.29

玫瑰花的作法

1 在底布上描繪圖案

1 先從內側花片開始。將底布覆蓋在圖案上，選擇與繡線顏色相近的色鉛筆描繪圖案。

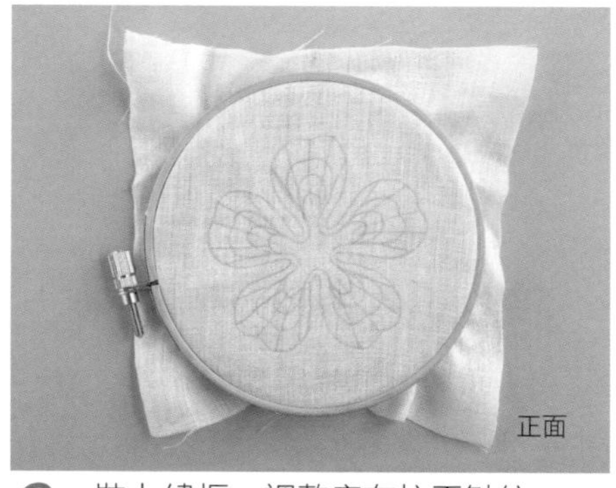

2 裝上繡框，調整底布拉平皺紋。

2 縫上鐵絲

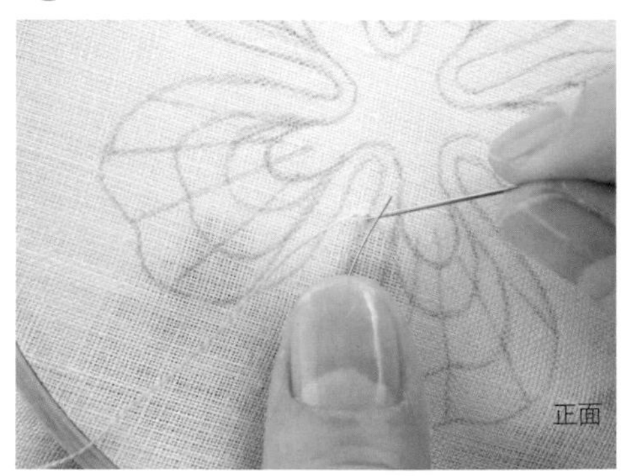

1 從接近直線的線條處開始固定鐵絲，取1股第1層顏色的繡線（3716），先打一個結，從背面出針，將鐵絲按壓縫繡於底布上。

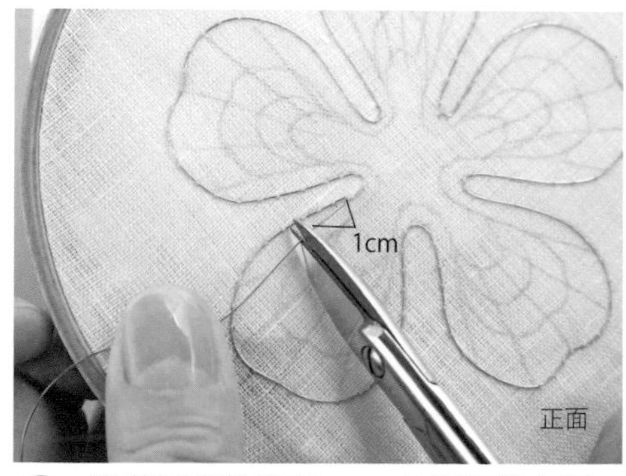

2 沿著圖案輪廓以0.5cm的間隔縫牢固定。在轉彎處以0.3cm的間隔縫繡，最後保留約1cm的重疊，剪斷多餘鐵絲。

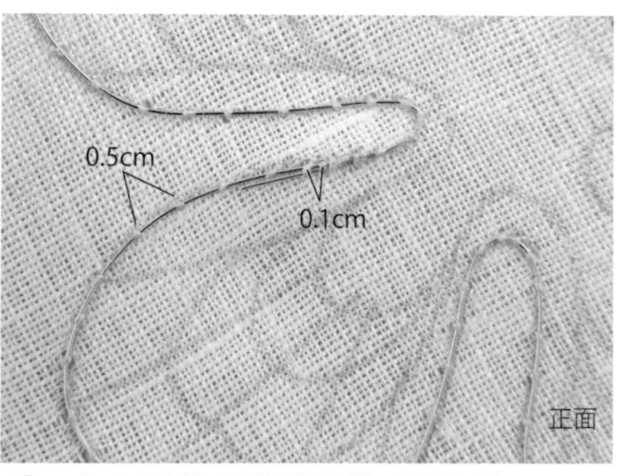

3 為免重疊處顯得厚重，而改以0.1cm的間隔繡縫。在背面出針打結之後，剪去多餘的繡線。

4 在底布上完成鐵絲的固定。

3 開始刺繡

a. 第1層的刺繡

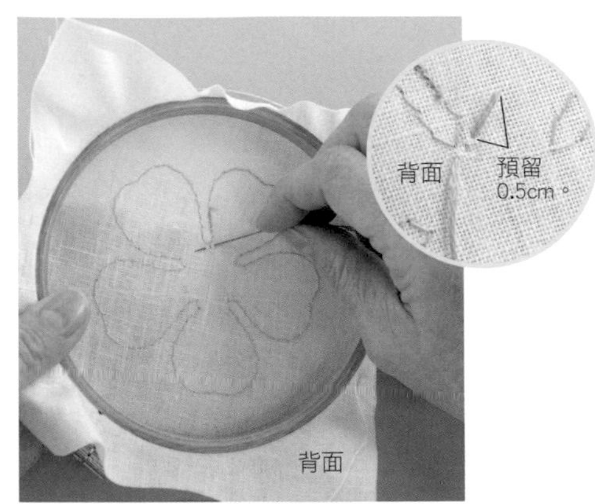

1 從內側花片開始進行刺繡。將繡框翻至背面，取2股繡線在彎角內側精細地來回繡2至3針，並預留0.5cm的繡線。

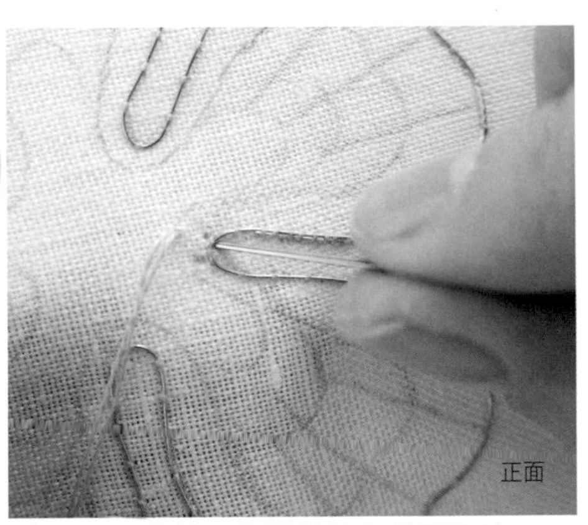

2 正面出針，穿過鐵絲在外側入針。

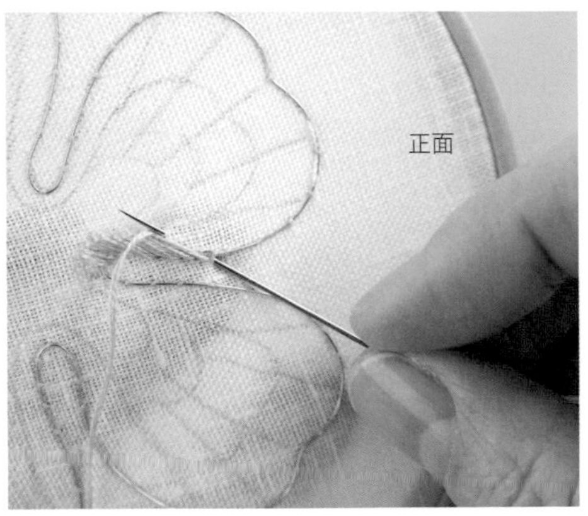

3 以緞面繡沿著繡線繡出的線條（紙型的線條方向）進行刺繡。

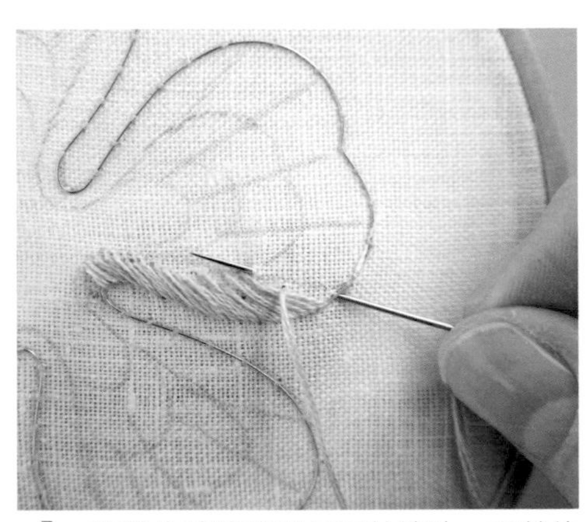

4 花瓣的前端使用長短針繡法。下針的長度分為長、中、短等三層次，依序進行刺繡。

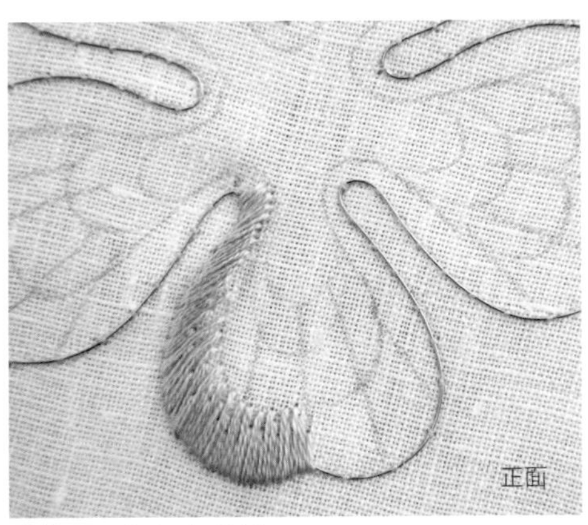

5 完成半邊花瓣。

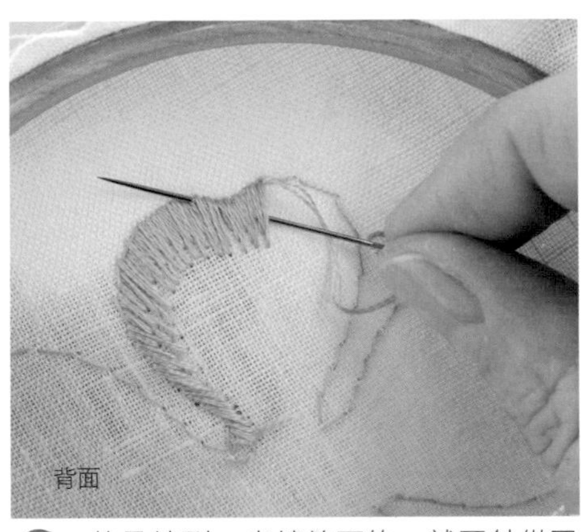

6 若是繡到一半繡線不夠，就回針從已繡好的花瓣前端出針。

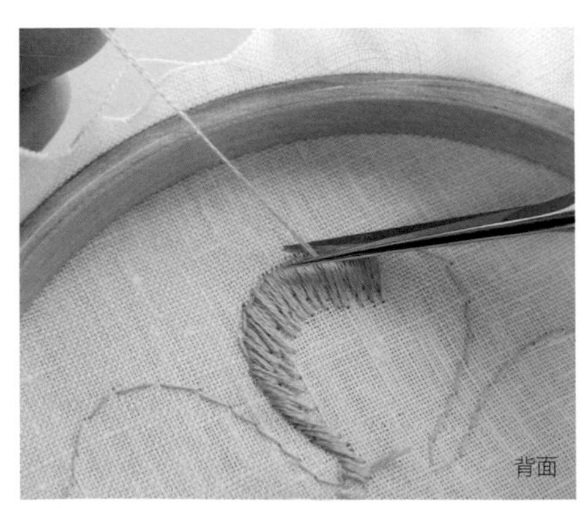

7 在鐵絲邊緣將繡線剪斷，不需打結。

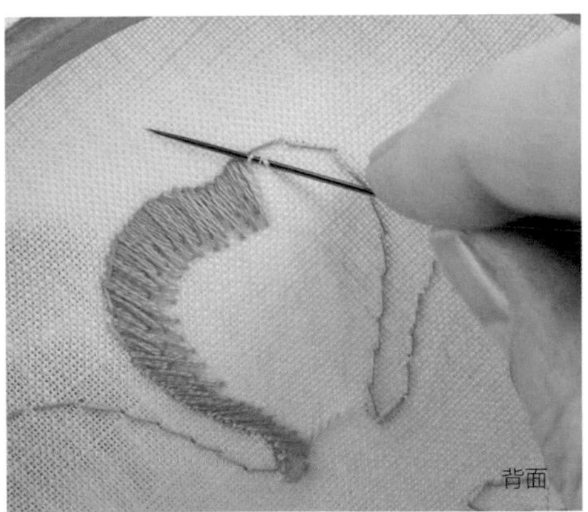

8 取新的繡線重新開始刺繡時，同樣先從花瓣前端精細地來回繡2至3針。

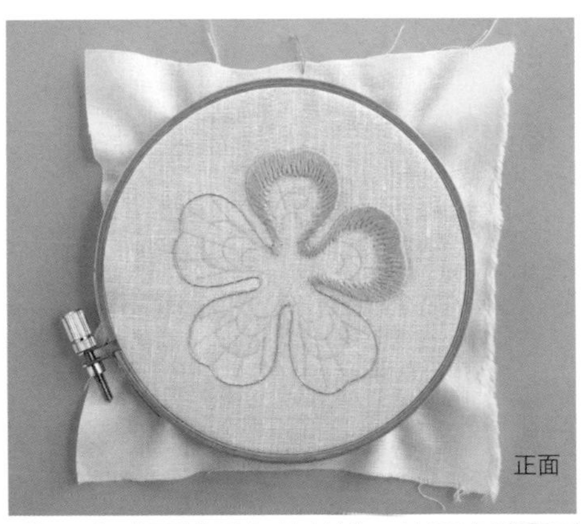

9 完成兩瓣同色的花瓣，接下來要開始變化花瓣顏色。

b. 改變第1層繡線顏色繼續刺繡

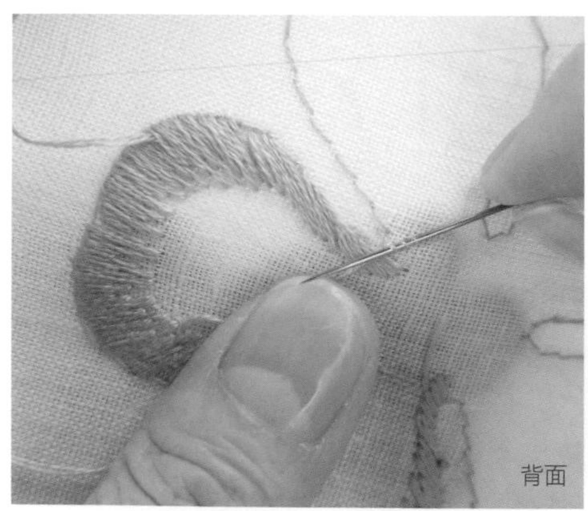

1 改變繡線的顏色。重複一開始的步驟，在背面從彎角內側先繡2至3針開始。

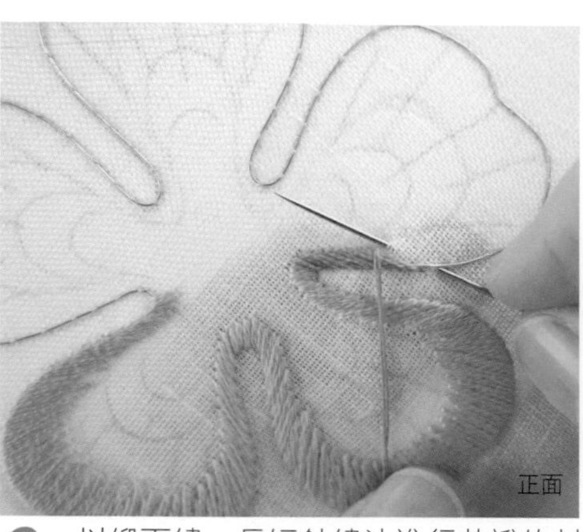

2 以緞面繡、長短針繡法進行花瓣的刺繡。

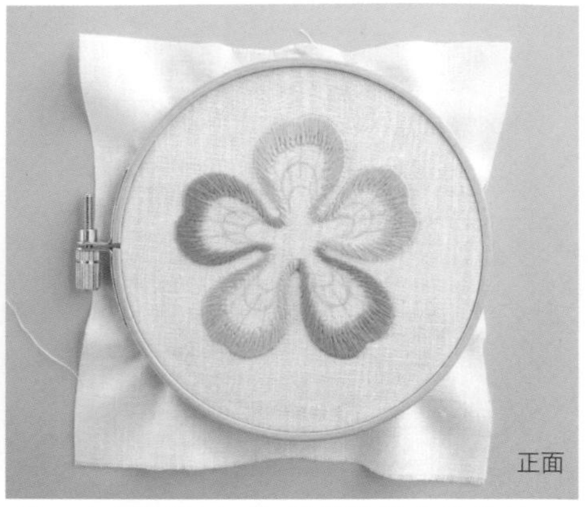

3 如圖所示完成5瓣顏色變化的花片，第1層的刺繡完成。

c. 第2層的刺繡

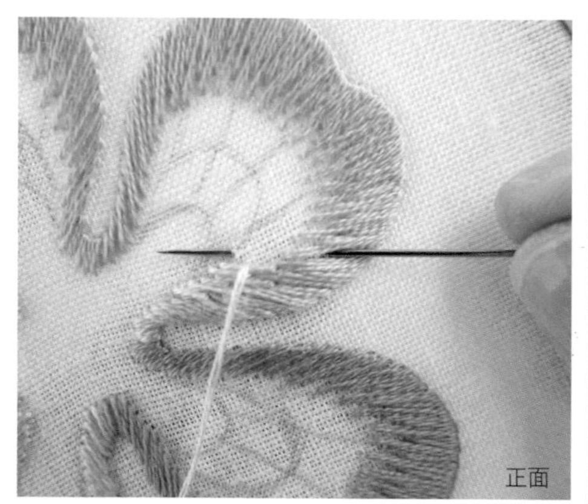

1 為了表現出內側的感覺，因此繡線選擇稍淡的顏色。取2股繡線進行緞面繡。

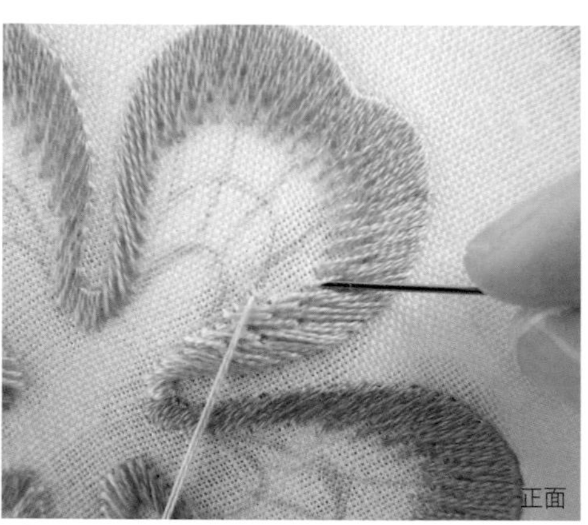

2 前端以長短針繡法，穿插在上一層繡線的間隙進行刺繡。以填滿第1層間隙為原則。

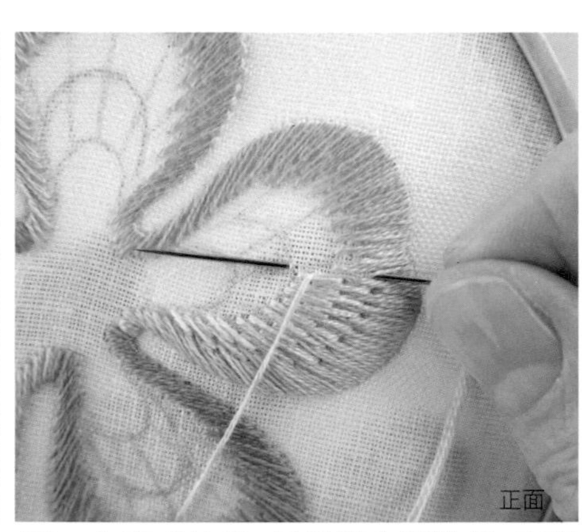

3 在完成的第1層繡線之間進行Z字形車縫。

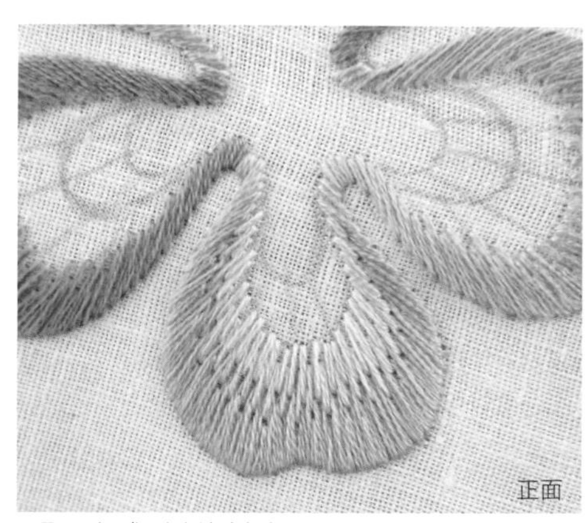

4 完成1瓣的刺繡。

5 如圖所示完成5瓣變化顏色的花片，第2層的刺繡完成。

d. 第3層的刺繡

1 第3層與第2層同樣是取2股繡線以長短針繡法進行刺繡。

e. 第4層的刺繡

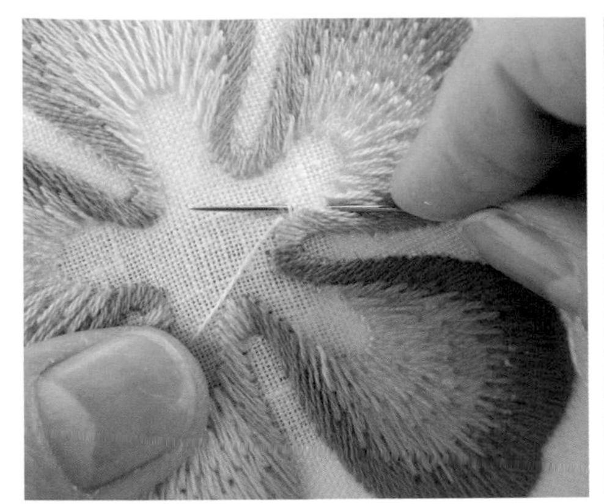

1　第4層不需變化顏色，取1股線作單色刺繡即可。

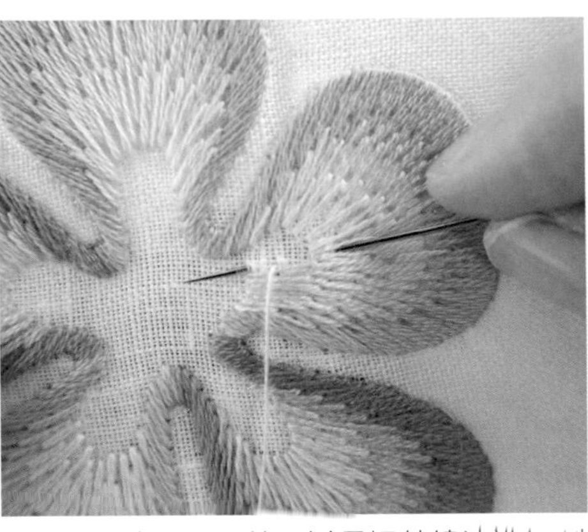

2　自縫隙間入針，以長短針繡法進行刺繡。

3　第4層刺繡完成。由於花片中心處不需刺繡，因此底布清晰可見。

f. 沿著輪廓進行毛邊繡

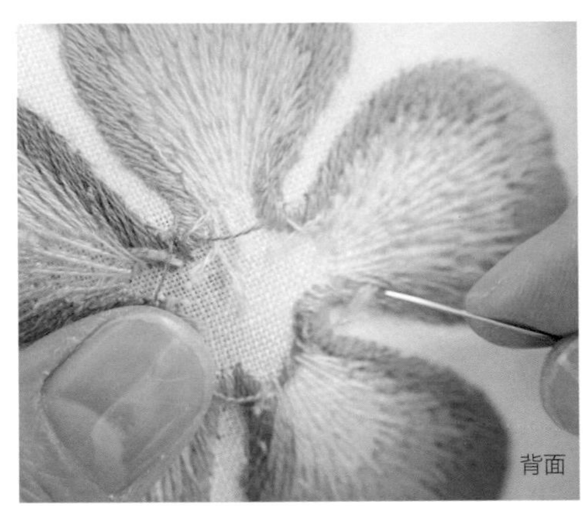

1　最後要繡出輪廓線條。先取1股與第1層相同顏色的繡線，在背面來回繡2至3回。（圖示中為了易於辨識，選用不同色系的繡線。）

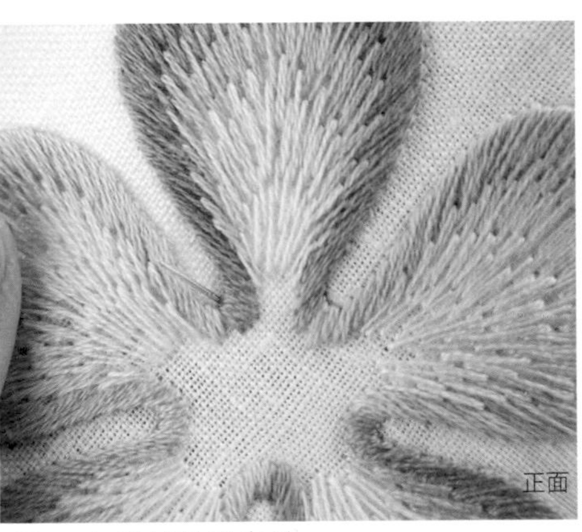

2　在鐵絲外緣出針。

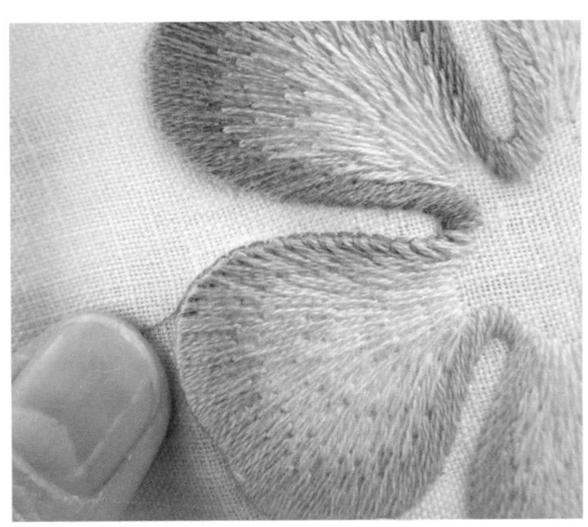

3　沿著鐵絲以每間隔0.2cm距離，進行長度也是0.2cm的毛邊繡。保持與長短針繡的相同方向，就能充分融入呈現整體感。

4　在輪廓周圍進行一圈毛邊繡。毛邊繡的繡線會呈現浮起狀態，最後裁剪時即可達到強化繡線緊密度的效果。

5　玫瑰花側視圖。內側花片完成！

6　在另一片底布上繡製外側花片。

4 沿著鐵絲外緣剪下花片

1 拆下繡框，以不剪到花片為原則，將剪刀以斜角方式將外側底布裁剪下來。

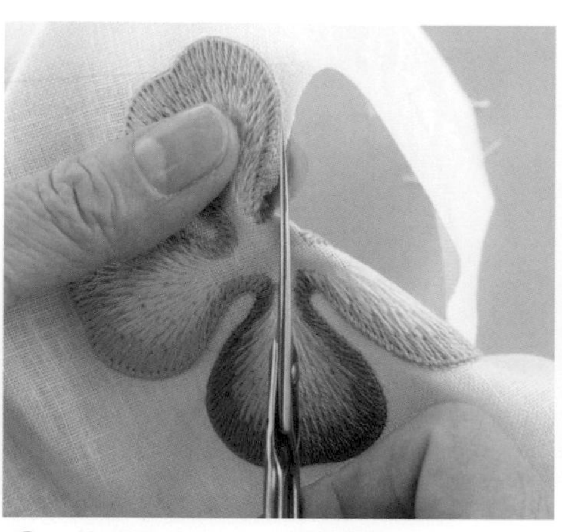

2 剪至彎角處時，記得要以手指一邊押住花瓣一邊修剪。

3 裁剪完成。

以外側花片的相同作法剪下內側花片。

將突出的線頭修剪掉會更加美觀。

---

5 製作花蕊

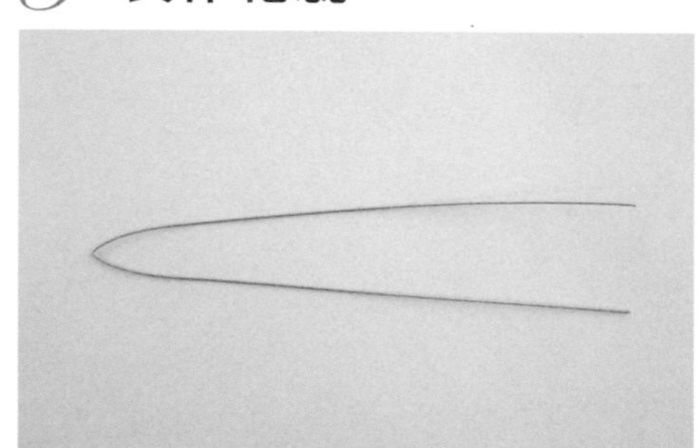

1 將花藝鐵絲＃26對半折彎。

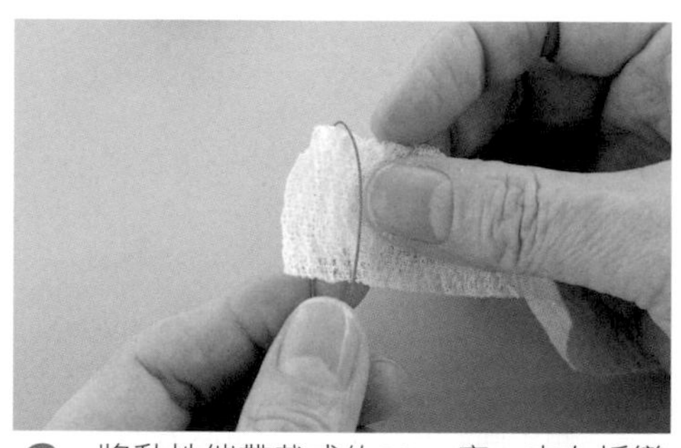

2 將黏性繃帶裁成約30cm寬，夾在折彎的花藝鐵絲中間。

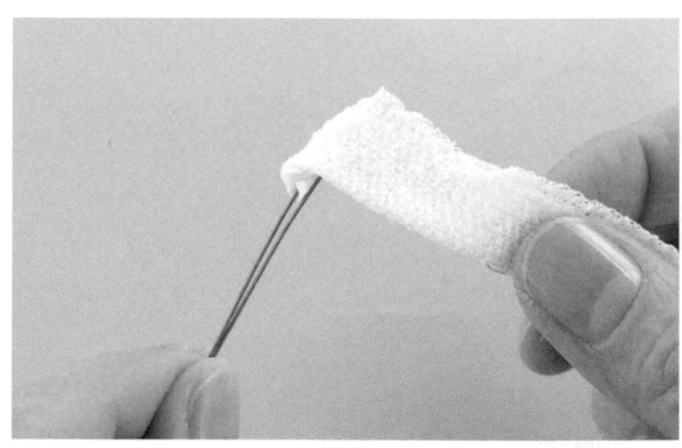

3 將繃帶稍稍往外拉＆將鐵絲纏繞起來。

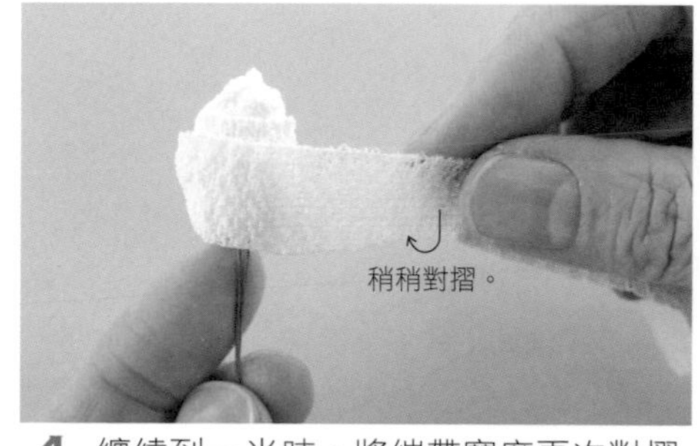

4 纏繞到一半時，將繃帶寬度再次對摺後繼續纏繞，花蕊就逐漸露出雛形了！

5 如果繃帶長度不足，就再補上繃帶。固定後花蕊即完成。

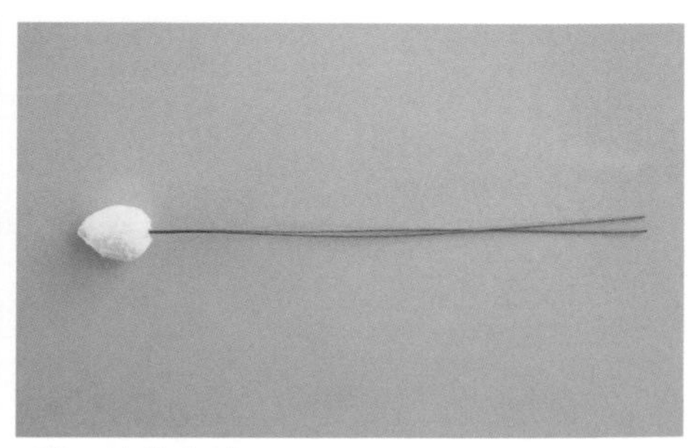

6 花蕊完成！

6 將花蕊穿過花片

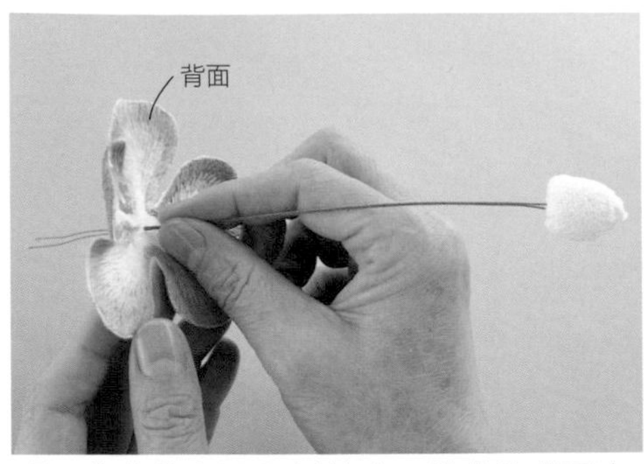

1 將花蕊穿過內側花片。從花片背面中心點穿入花蕊鐵絲。

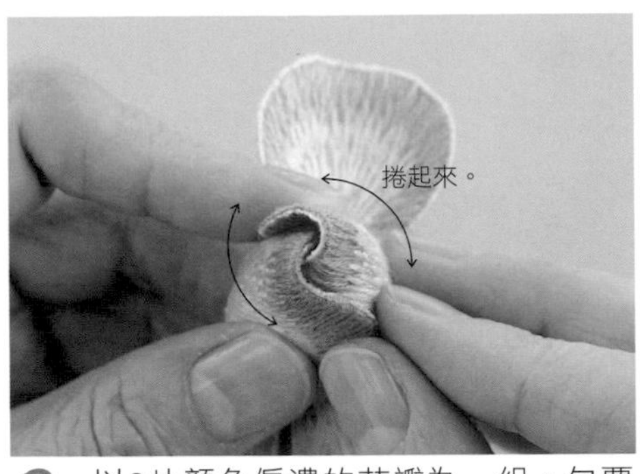

2 以2片顏色偏濃的花瓣為一組，包覆花蕊。

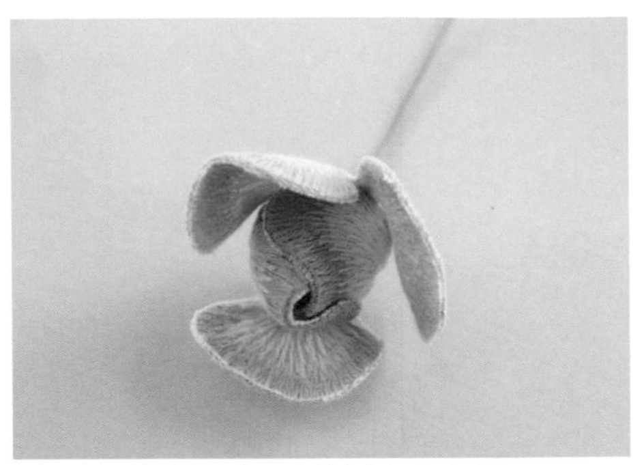

3 再將剩下的3片花瓣向內包摺。

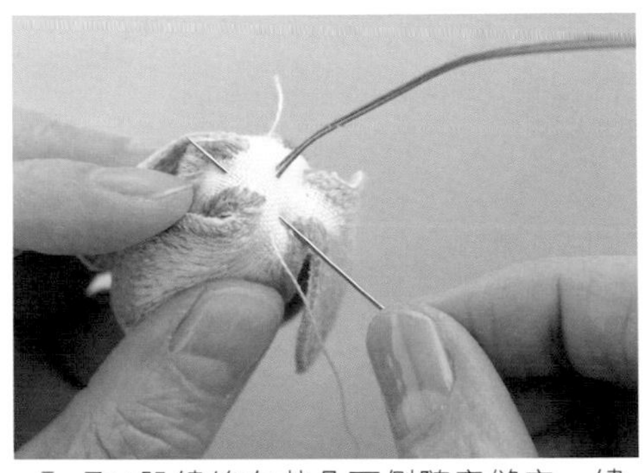

4 取1股繡線在花朵下側隨意縫牢，繡針必須穿過花蕊部分，藉此固定。

5 從外側花片正面穿過花藝鐵絲。

6 縫牢花苞下方固定花朵，並將花瓣翻向外側，整理花形。

7 最後裝飾

1 以花藝膠帶纏繞花莖，自花朵＆花莖連接處起黏上膠帶。

2 右手拿著膠帶，一點一點地向外拉伸，同時左手將花莖朝反方向旋轉，使膠帶逐漸向下纏繞。

3 若需要加上葉子，則可在纏繞膠帶的過程中，將葉子一併黏貼上去。（葉子作法參見P.36）

4 以膠帶連同葉子的莖幹纏在一起。

5 完成！

玫瑰花葉的作法

玫瑰花葉的作法與花片相同。不同處在於直接利用莖部的綠色花藝鐵絲來固定出葉子的輪廓。因為底布是白色的，因此刺繡密度必須更緊密；為了避免裁切線過於明顯，建議事先在底布上以麥克筆塗色。繡法如下。

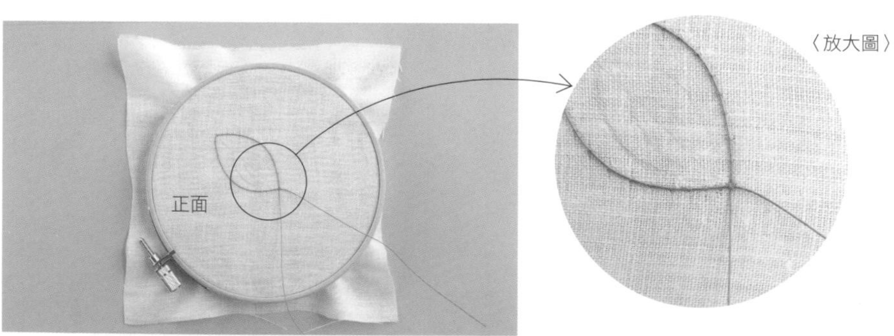

1 在底布上描繪上圖案＆裝上繡框。將花藝鐵絲＃30對折，自葉子前端起取1股第1層顏色的繡線縫牢。葉子的尾端則是以花藝鐵絲的交叉點為刺繡終點，鐵絲暫時保留不裁剪。

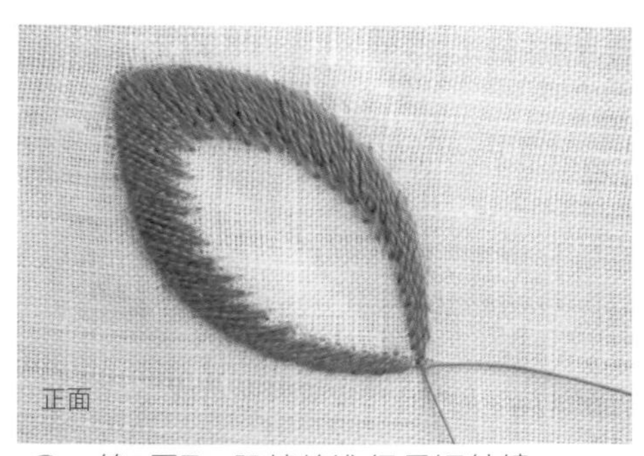

2 第1層取2股繡線進行長短針繡。

3 第2層取2股繡線進行長短針繡。

4 第3層取1股繡線進行緞面繡。葉脈部分取1股繡線進行輪廓繡。

5 葉子輪廓取1股與第1層同色的繡線進行毛邊繡。葉子部分的刺繡完成！

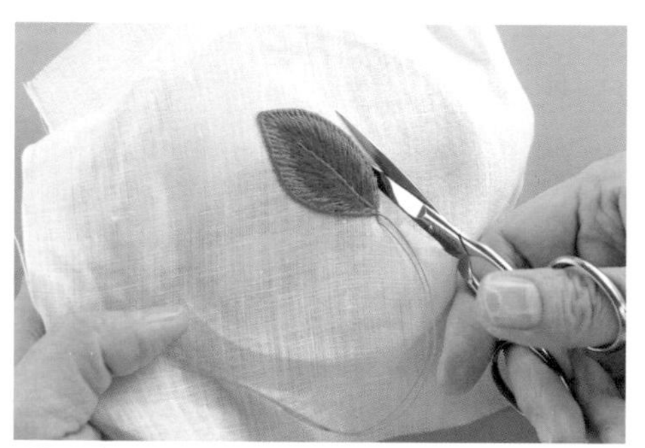

6 拆下繡框，保留鐵絲，再沿著輪廓將葉子裁剪下來。

7 共需要製作1片大葉子＆2片小葉子。

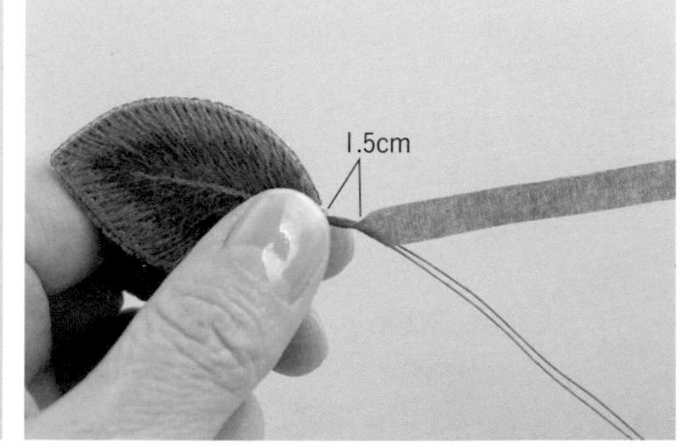

8 以大葉子的尾端為起點，纏繞上約1.5cm寬的花藝膠帶。

9 將2片小葉子疊合在一起之後，再與步驟**8**的花藝鐵絲重疊，以花藝膠帶朝下方繼續纏繞。

10 將小葉子向兩側展開，葉子就完成了！

麥克筆的使用方式

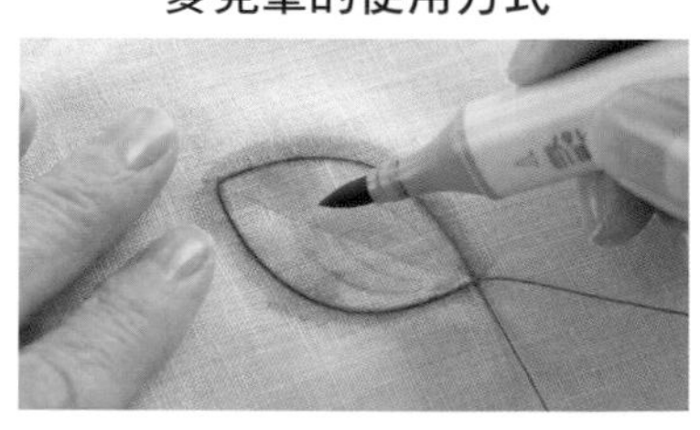

將鐵絲輪廓內＆周圍外側先以麥克筆塗滿，如此一來，打結處＆間隙處才不會露白，看起來也比較漂亮。麥可筆建議選用略淺於繡線的顏色。

玫瑰花苞的作法

利用一片玫瑰花片來製作花苞。
因為是未開的花朵，因此要作出花萼縫在花苞底部。

1 作出內側花片＆插入花蕊。

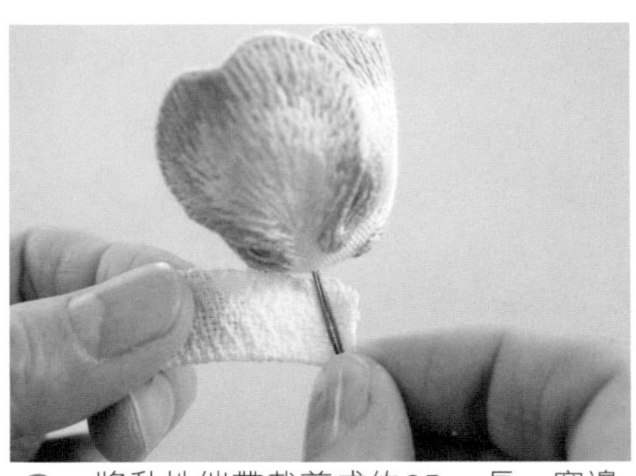

2 將黏性繃帶裁剪成約25cm長，寬邊對摺後纏繞在花的底部。

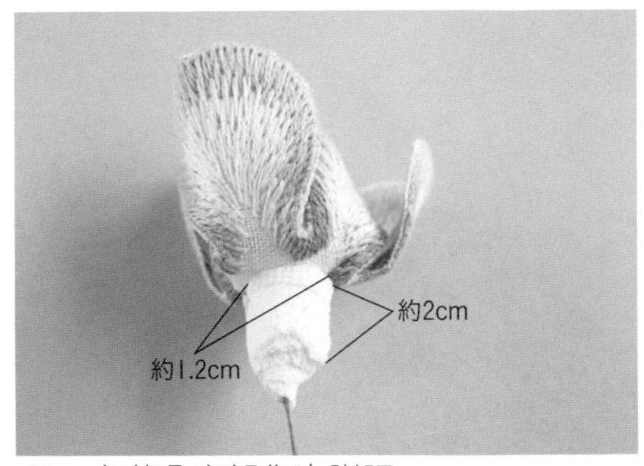

3 在花朵底部作出膨脹。

4 花萼則是在底布上以與布目成斜角的方向進行刺繡。此處不需加入鐵絲。

5 花萼周圍以毛邊繡完成之後，再將花萼裁剪下來。

6 在花朵底部的膨脹部分包裹上花萼。

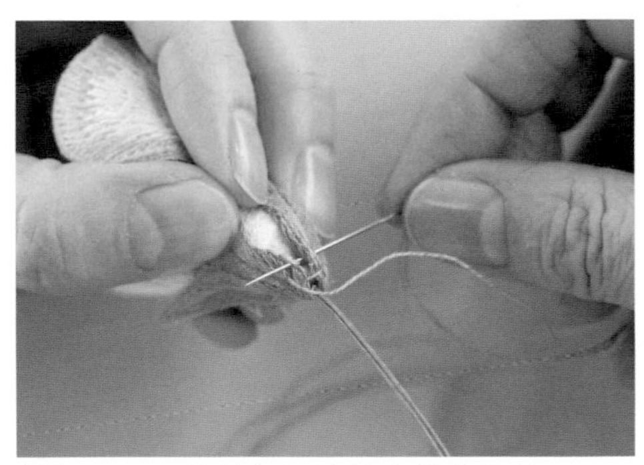

7 取1股繡線仔細地縫合花萼兩端。

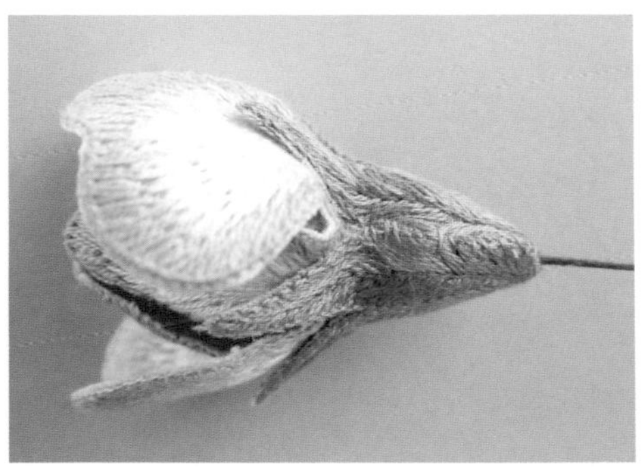

8 花萼完成。

9 翻下花萼前端，內側塗上些許白膠。

10 再將花萼恢復原狀，在塗有白膠處以鐵絲固定，靜置至白膠乾燥。

11 白膠乾燥後即可拆除鐵絲。含苞的花朵完成！

12 組合花朵時，要分別從前面、兩側觀看組合情形，平衡整體感之後再以花藝鐵絲固定花形。

p.2 1.

＊材料

25號繡線
　花（818・819・899
　　3713・3716・3865）
　葉（319・320・367）
　花萼（320・367）
麻布（中厚）15cm×15cm×14片
鐵絲＃30（裸線）
花藝鐵絲（綠色）＃26
黏性繃帶
花藝膠帶（綠色）

＊花B外側的配色

	花瓣c
第1層	819（2）
第2層	819（2）
第3層	819（2）
第4層	3865（1）

＊花B內側的配色

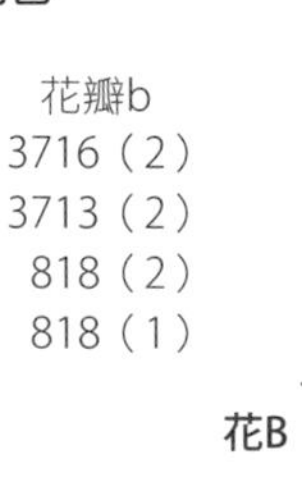

	花瓣a	花瓣b
第1層	899（2）	3716（2）
第2層	3716（2）	3713（2）
第3層	3713（2）	818（2）
第4層	818（1）	818（1）

＊作法

製作1朵A花（P.30）、2朵花B、1個花苞（P.37）、2支葉子（P.36）。
調整好花形之後，以花藝膠帶在中央處集中纏繞固定。

---

p.3 3・4.

＊作法

以黏性繃帶作出花蕊，與內側花片接縫。外側花片完成後，再與內側花片接縫在一起，完成花朵。
最後固定上耳環的五金配件。

＊材料

25號繡線
　3（743・744・745・746・3823）
　4（818・819・899・3713・3716）
麻布（薄）15cm×15cm×4片
鐵絲＃34（裸線）
黏性繃帶
夾式耳環配件

3　成品……約3cm

原寸紙型

※（ ）內的數字表示繡線的股數。

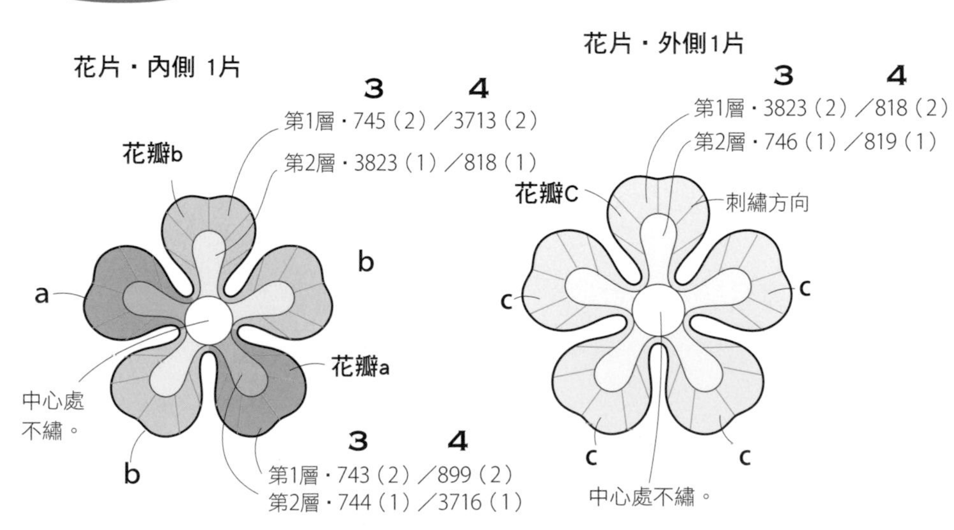

4

p.3 **2.**

＊材料

25號繡線
（743・744・745・746・3823）
麻布（中厚）15cm×15cm×2片
鐵絲＃30（裸線）
黏性繃帶
2.5cm胸針

＊作法

參見P.30作法繡出內側＆外側花片。不需用鐵絲只以黏性繃帶作出花蕊，將花蕊縫入內側片中，再與外側接縫，完成花朵。在花朵背面縫上胸針。

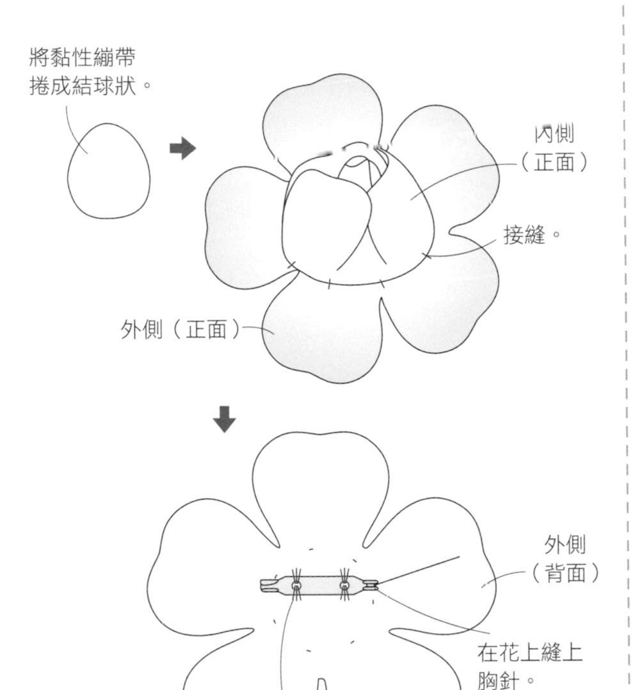

成品……約7cm

原寸紙型　※（ ）內的數字表示繡線的股數。

花片・內側 1片

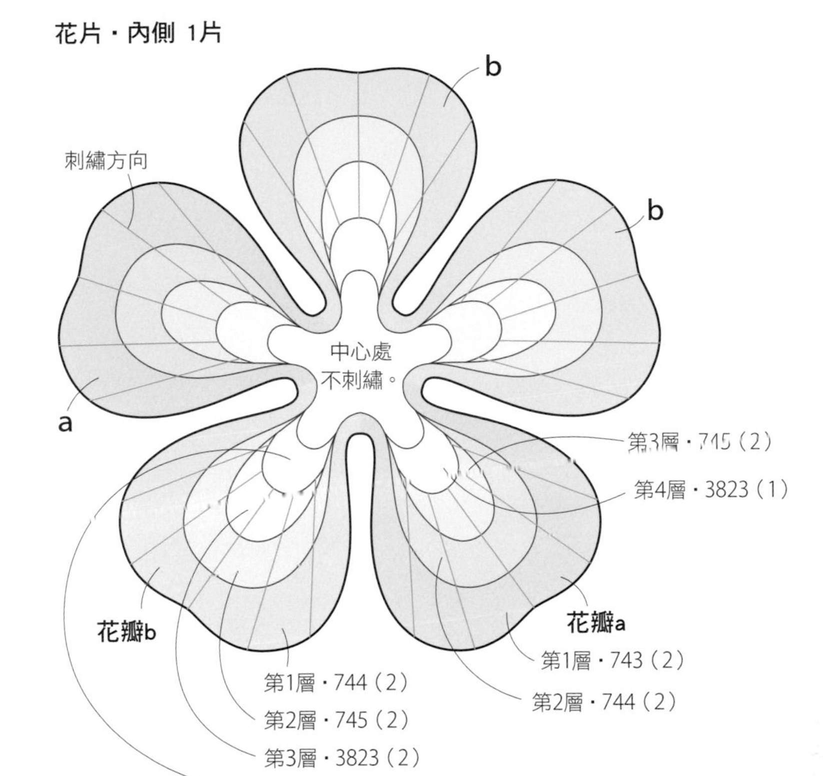

花片・外側 1片

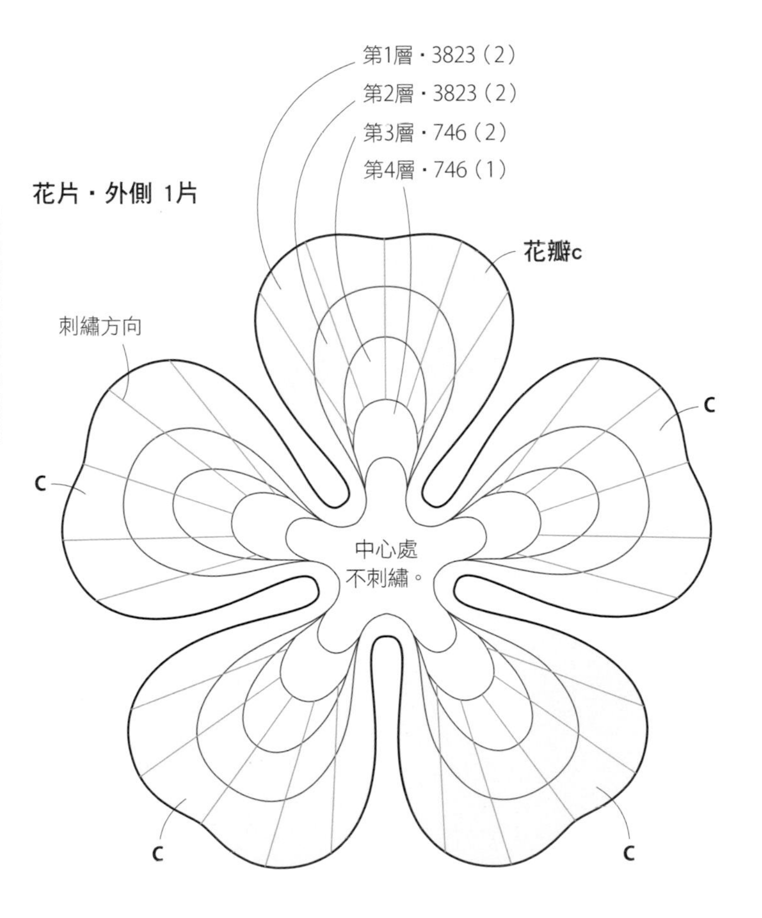

p.4・p.5 野薔薇

將底布塗色作成花蕊。花的作法與玫瑰相同。

＊材料（1朵）
25號繡線（818・819・3865）※
麻布（薄）15cm×15cm（花朵用）
麻布（中厚）8m×1.5cm（花蕊用）
鐵絲＃34（裸線）
珠光花蕊 1束10至12支
花藝鐵絲（綠色）＃28
寬0.5cm的雙面膠帶
麥克筆（黃色）
※花B的配色

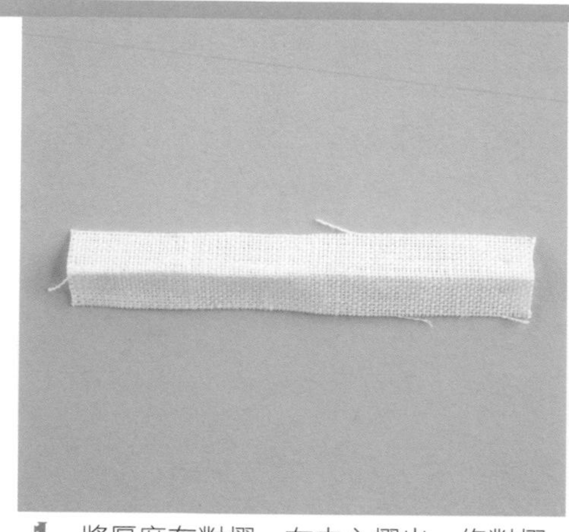

1 將厚麻布對摺，在中心摺出一條對摺線。

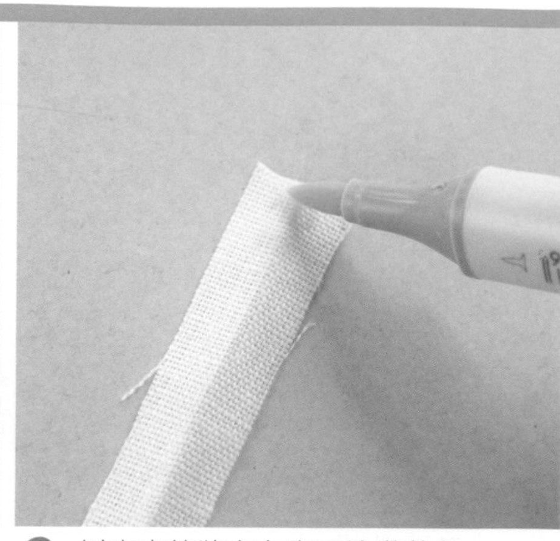

2 以麥克筆將麻布表面塗滿黃色。

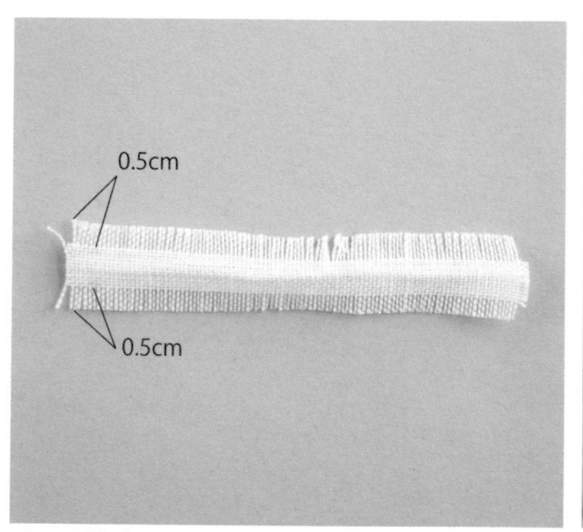

3 將麻布的長邊兩側線拔除約0.5cm，作成流蘇狀。

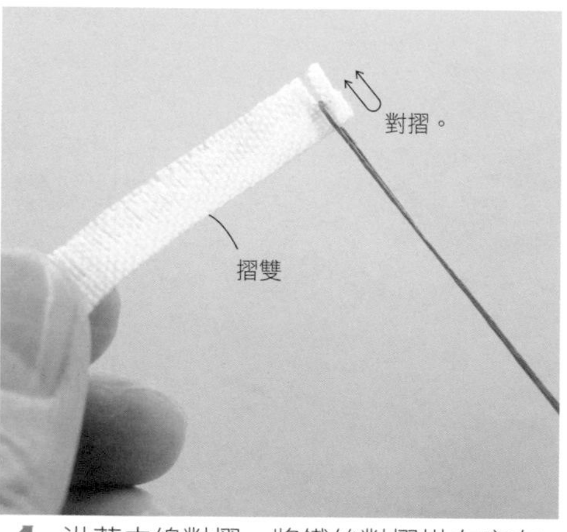

4 沿著中線對摺，將鐵絲對摺掛在麻布上。

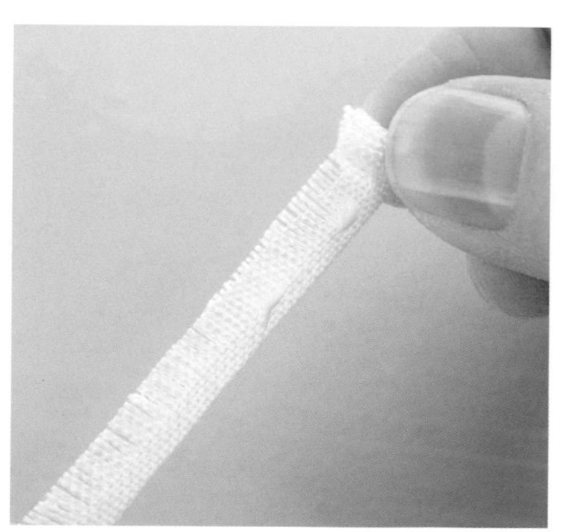

5 將麻布點上白膠捲起固定。

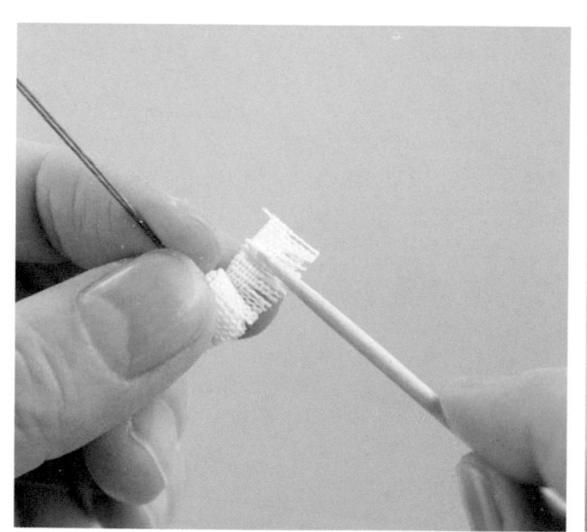

6 捲起後，待白膠乾燥。

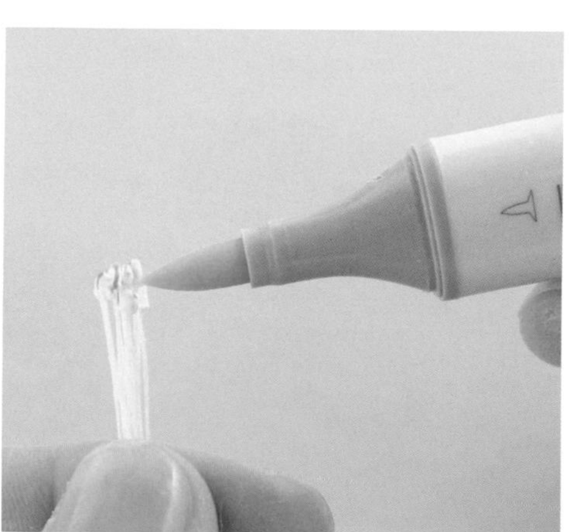

7 在花蕊前端以麥克筆著色。

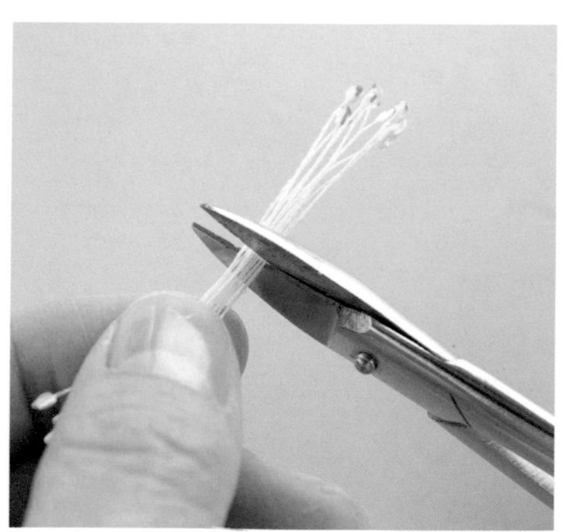

8 對半剪開。

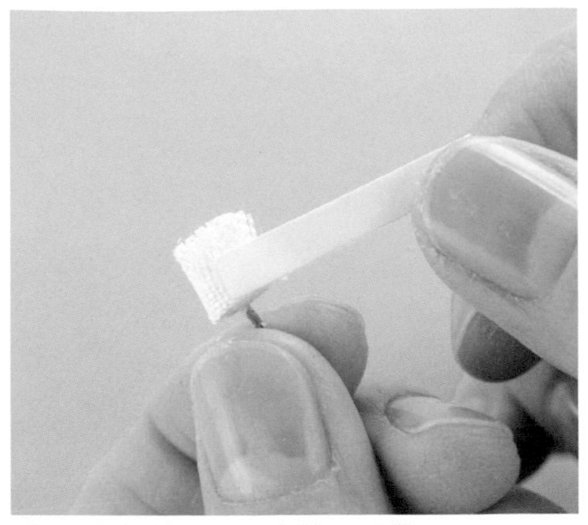

9 在花蕊周圍貼上雙面膠帶。

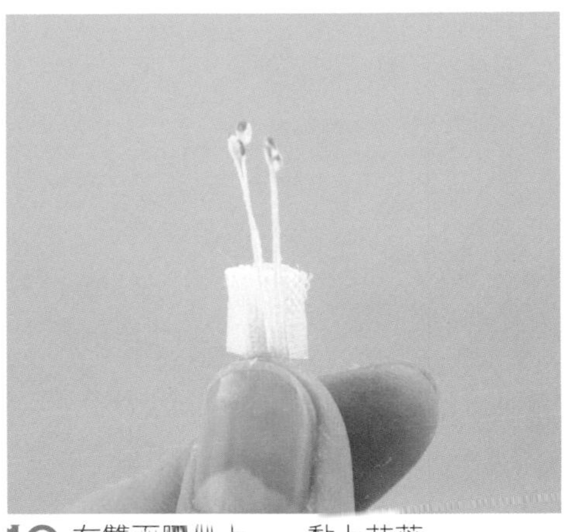

10 在雙面膠帶上一一黏上花蕊。

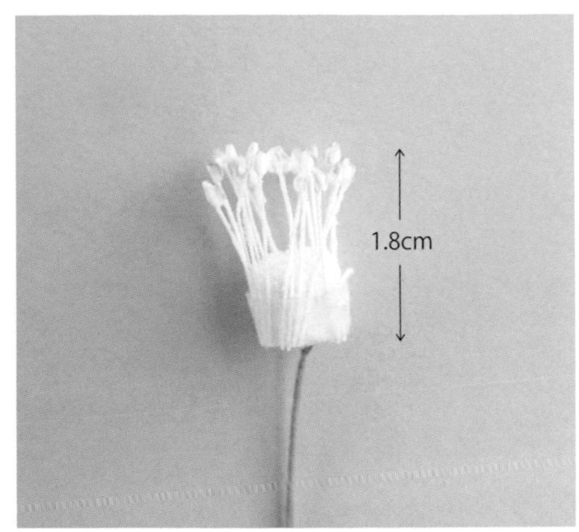

11 黏貼一圈，花蕊完成。

12 接著開始製作野薔薇。從花片中心插入鐵絲，並且在花瓣上貼上雙面膠帶。

13 抓緊花片底部，集中花形。

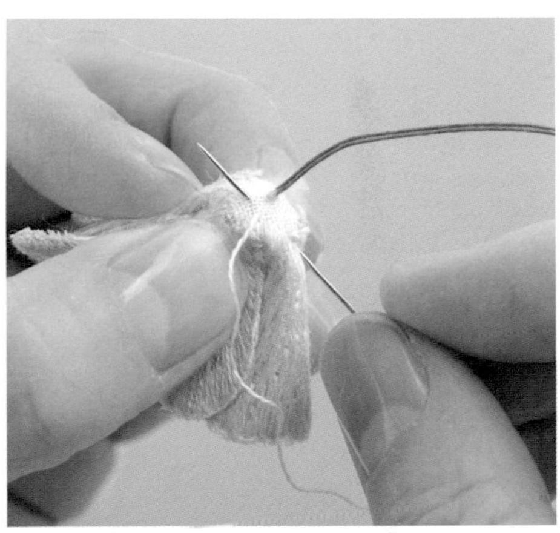

14 從花的背面，縫牢花＆花蕊。

15 固定花＆花蕊。

16 完成花瓣綻放的模樣。

原寸紙型

※（　）內的數字表示繡線的股數。

花蕊 1片	厚麻布

花片 1朵

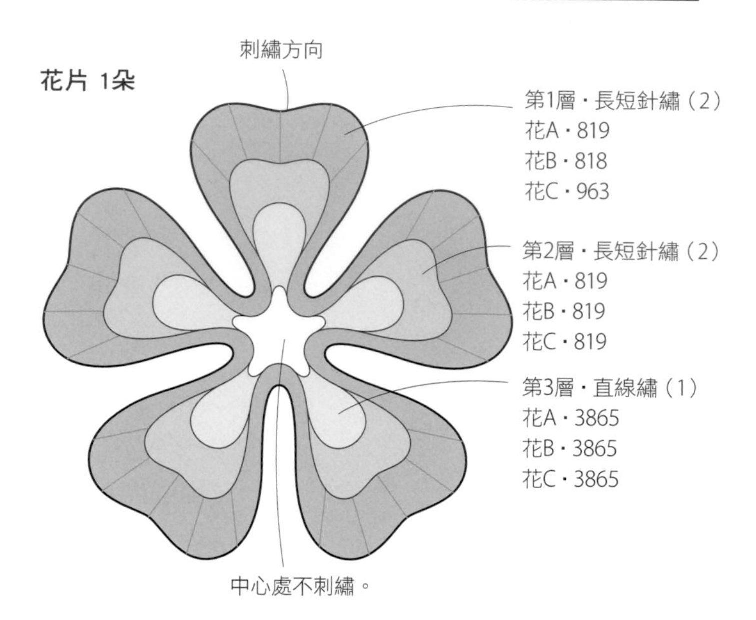

葉子・大 1片

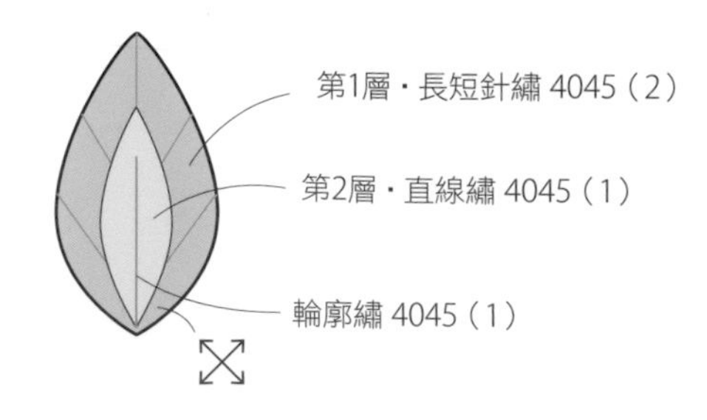

葉子・小 4片

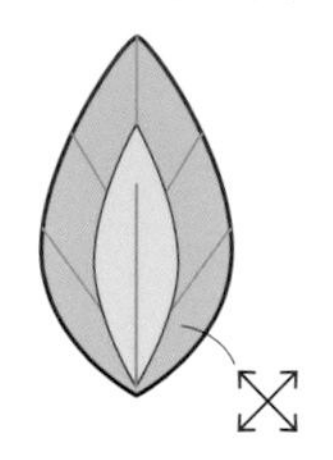

＊ 花的作法

將底布縫上鐵絲，繡出花片。
參見P.40的作法作出花蕊，穿過花片中心部位。

＊ 葉子的作法

將底布縫上花藝鐵絲＃30，
進行葉子的刺繡。
參見P.36玫瑰花葉子的作法。

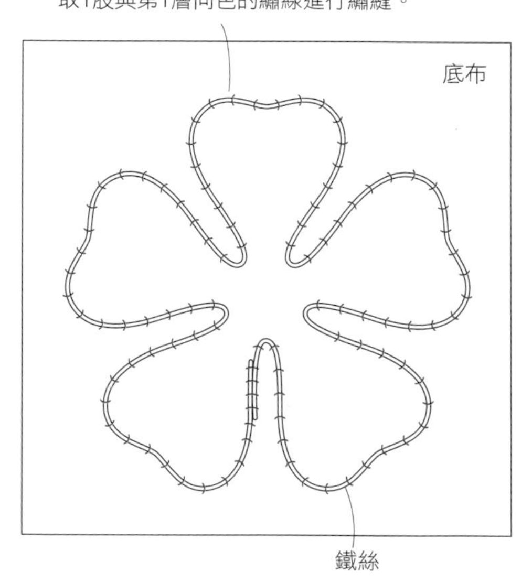

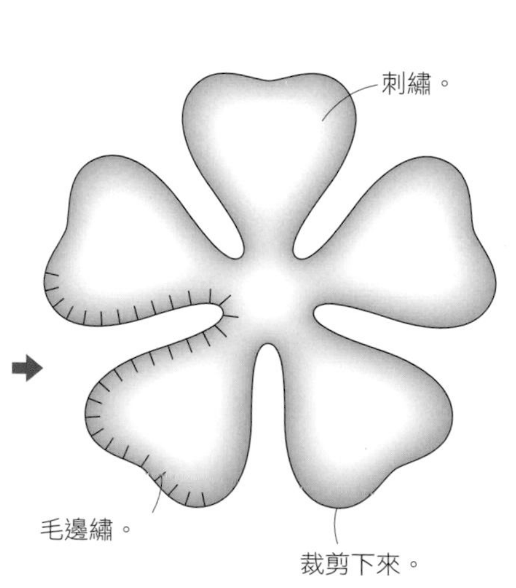

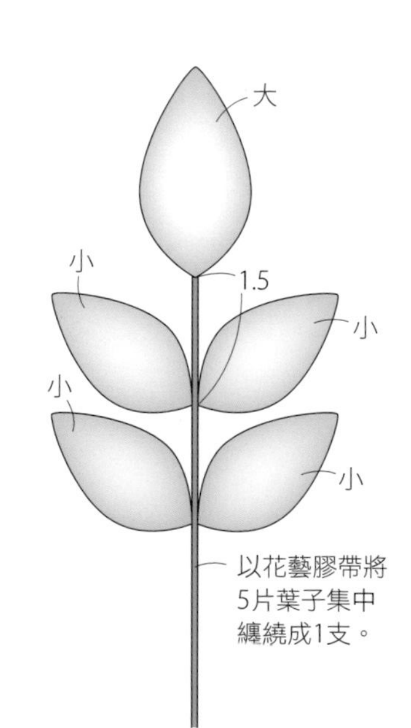

5.

＊ 材料

25號繡線
　花（818・819・963・3865）
　葉（4045）
麻布（薄）15cm×15cm×13片
麻布（厚）8m×1.5cm×3片
鐵絲＃34（裸線）
花藝鐵絲（綠色）＃28（花蕊用）
　　　　　　　　＃30（葉子用）
珠光花蕊 1束30至36支
花藝膠帶（綠色）

＊ 作法

作出1朵花B＆2朵花C。完成1片大葉子＆4片小葉子後束成一根枝葉，共製作2根。調整花＆葉子位置，再以花藝膠帶纏繞固定。

花的成品……約5cm
花束的長度……約18cm

---

p.5

6.

＊ 材料

25號繡線
（818・819・3865）
麻布（薄）15cm×15cm×3張
麻布（厚）8cm×1.5cm×3張
鐵絲＃34（裸線）
花藝鐵絲（綠色）＃28
珠光花蕊 1束30至36支
長7cm的髮夾
寬1.2cm的絲絨緞帶10cm

＊ 作法

作出2朵花A＆1朵花B，在髮夾上黏上緞帶，縫上花朵。

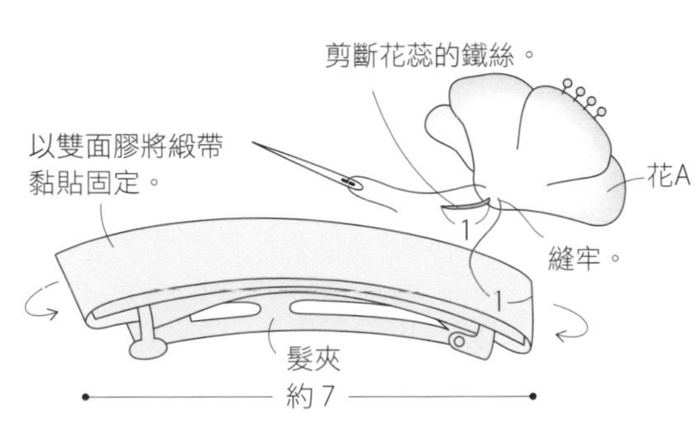

髮夾成品的寬度……約14cm

---

p.5

7.

＊ 材料

25號繡線
（818・819・3865）
麻布（薄）15cm×15cm
麻布（厚）8cm×1.5cm
鐵絲＃34（裸線）
花藝鐵絲（綠色）＃28
珠光花蕊 1束10至12支
珍珠項鍊
（圖中的項鍊長約90cm）

＊ 作法

作出花B，縫在項鍊上。

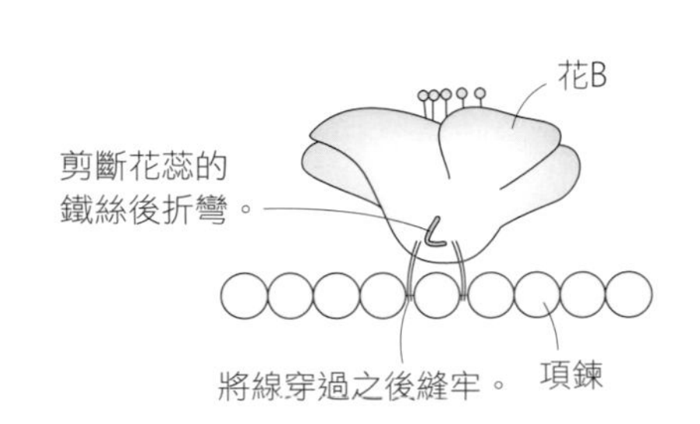

花的成品……約5cm

紫羅蘭

原寸紙型

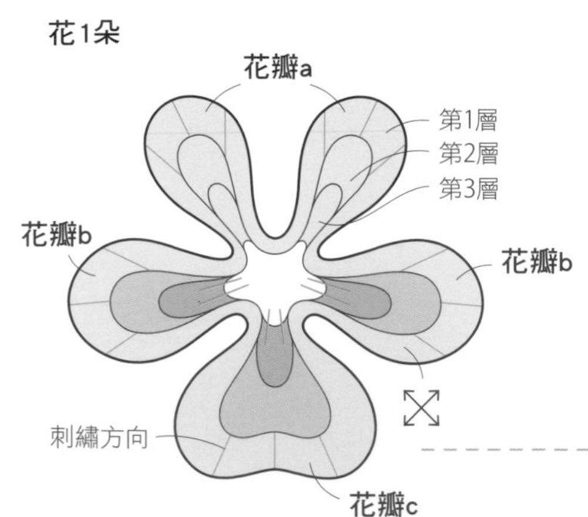

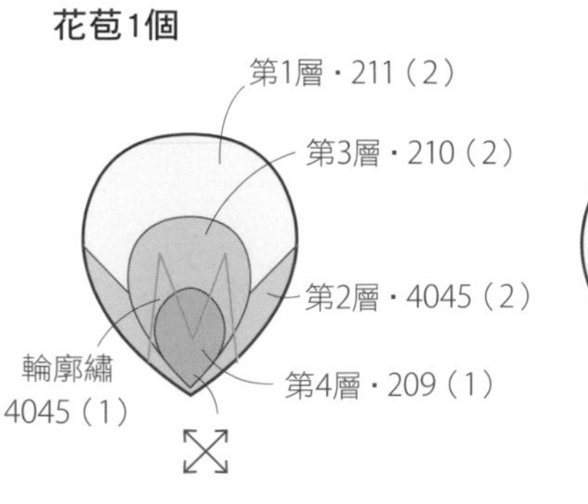

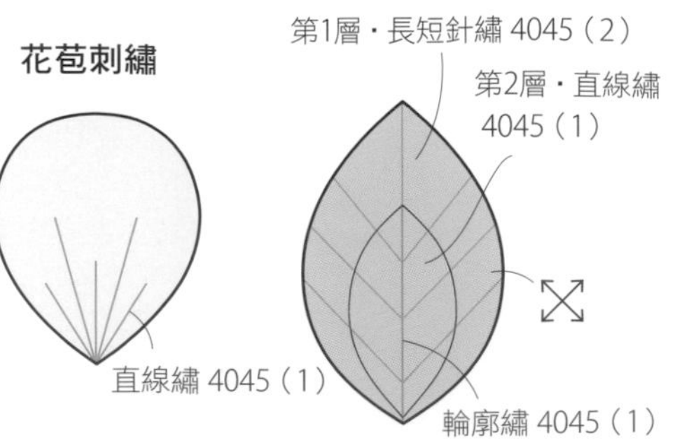

※（ ）內的數字表示繡線的股數。

A

	花瓣a	花瓣b	花瓣c
第1層	777（2）	777（2）	777（2）
第2層	3685（2）	777（2）	777（2）
第3層	3685（1）	154（1）	154（1）

花瓣c的底部743（1）

B

	花瓣a	花瓣b	花瓣c
第1層	154（2）	744（2）	744（2）
第2層	154（2）	743（2）	743（2）
第3層	154（1）	742（1）	742（1）

花瓣c的底部743（1）花瓣b・c的花紋154（1）

C

	花瓣a	花瓣b	花瓣c
第1層	153（2）	3835（2）	3834（2）
第2層	153（2）	3836（2）	3835（2）
第3層	3836（1）	3836（1）	3836（1）

花瓣c的底部743（1）花瓣b・c的花紋154（1）

D

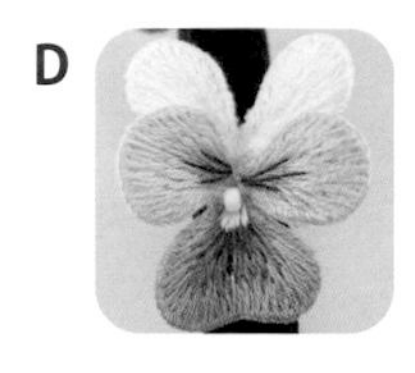

	花瓣a	花瓣b	花瓣c
第1層	3865（2）	153（2）	3836（2）
第2層	3865（2）	153（2）	3835（2）
第3層	3865（1）	3836（1）	3834（1）

花瓣c的底部743（1）花瓣b・c的花紋154（1）

E

	花瓣a	花瓣b	花瓣c
第1層	3825（2）	4124（2）	4124（2）
第2層	3825（2）	3825（2）	3825（2）
第3層	3825（1）	3825（1）	3825（1）

花瓣c的底部743（1）花瓣b・c的花紋154（1）

F

	花瓣a	花瓣b	花瓣c
第1層	3887（2）	3887（2）	3887（2）
第2層	3887（2）	3887（2）	3887（2）
第3層	3887（1）	154（1）	154（1）

花瓣c的底部743（1）

G

	花瓣a	花瓣b	花瓣c
第1層	3865（2）	3865（2）	3865（2）
第2層	3865（2）	3865（2）	3865（2）
第3層	3865（1）	3865（1）	743（1）

花瓣c的底部742（1）花瓣b・c的花紋743（1）

H

	花瓣a	花瓣b	花瓣c
第1層	3887（2）	3823（2）	745（2）
第2層	3887（2）	744（2）	744（2）
第3層	3887（1）	743（1）	743（1）

花瓣c的底部742（1）花瓣b・c的花紋154（1）

I

	花瓣a	花瓣b	花瓣c
第1層	189（2）	189（2）	3865（2）
第2層	189（2）	3865（2）	3865（2）
第3層	189（1）	3865（1）	744（1）

花瓣c的底部742（1）花瓣b・c的花紋154（1）

J

	花瓣a	花瓣b	花瓣c
第1層	3865（2）	153（2）	153（2）
第2層	3865（2）	3836（2）	3836（2）
第3層	3865（1）	154（1）	154（1）

花瓣c的底部743（1）

K

	花瓣a	花瓣b	花瓣c
第1層	3834（2）	153（2）	153（2）
第2層	3834（2）	3836（2）	3834（2）
第3層	3834（1）	154（1）	154（1）

花瓣c的底部743（1）

L

	花瓣a	花瓣b	花瓣c
第1層	154（2）	3835（2）	3835（2）
第2層	154（2）	3835（2）	3835（2）
第3層	154（1）	3834（1）	3834（1）

花瓣c的底部743（1）花瓣b・c的花紋3835（1）

M

	花瓣a	花瓣b	花瓣c
第1層	211（2）	3823（2）	3823（2）
第2層	211（2）	745（2）	745（2）
第3層	211（1）	744（1）	744（1）

花瓣c的底部743（1）花瓣b・c的花紋154（1）

N

	花瓣a	花瓣b	花瓣c
第1層	211（2）	210（2）	210（2）
第2層	211（2）	209（2）	209（2）
第3層	211（1）	208（1）	208（2）

花瓣c的底部743（1）花瓣b・c的花紋154（1）

＊ 材料（1朵）

25號繡線（各種顏色）
麻布（薄）15cm×15cm
鐵絲＃34（裸線）
圓形大串珠1個（白色）
花藝鐵絲（綠色）＃30（僅作品**8**）

＊ 材料（葉子1片・花苞1個）

25號繡線（各種顏色）
麻布（薄）15cm×15cm
花藝鐵絲（綠色）＃30

＊ **花的作法** 將底布縫上鐵絲，刺繡作出花片。將花藝鐵絲穿過串珠，將花片對摺夾入鐵絲。再從花片背面接縫上串珠之後，將花瓣展開。第**9**＆**10**的花不需夾入花藝鐵絲，直接縫上串珠，在對摺的中心點縫上串珠即可。

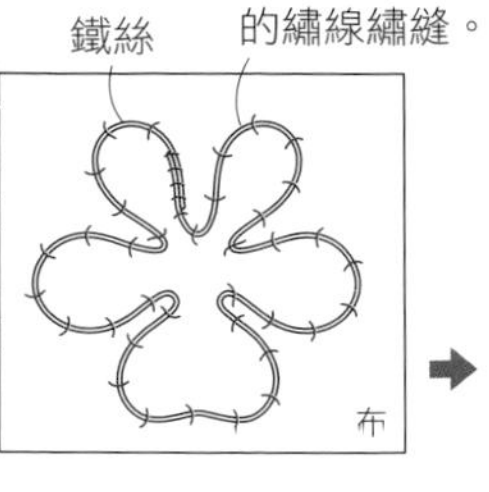

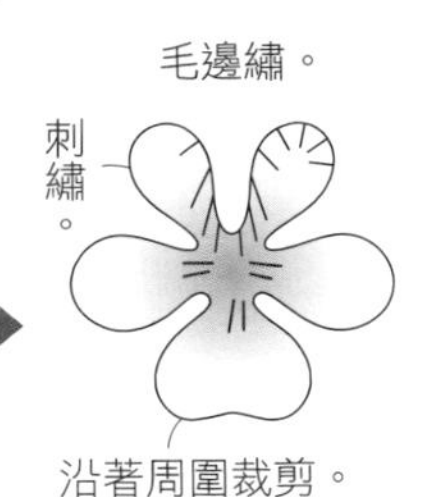

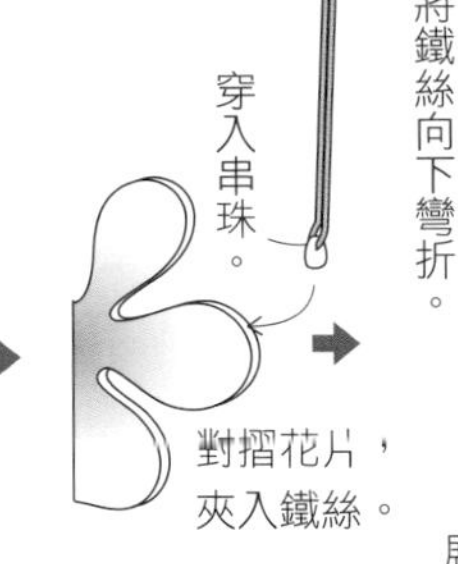

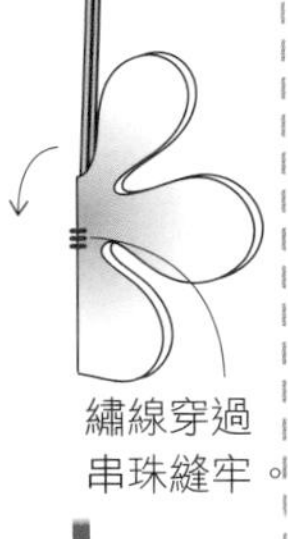

＊ **葉子的作法**

將底布縫上花藝鐵絲再進行刺繡。

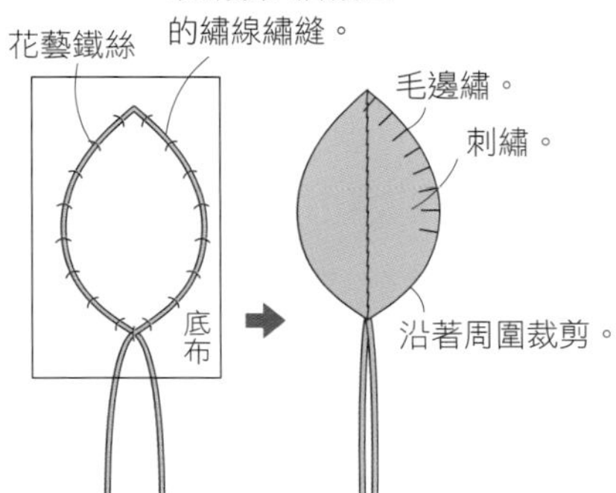

＊ **花苞的作法**

將底布縫上花藝鐵絲再進行刺繡。對摺。

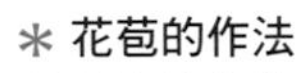

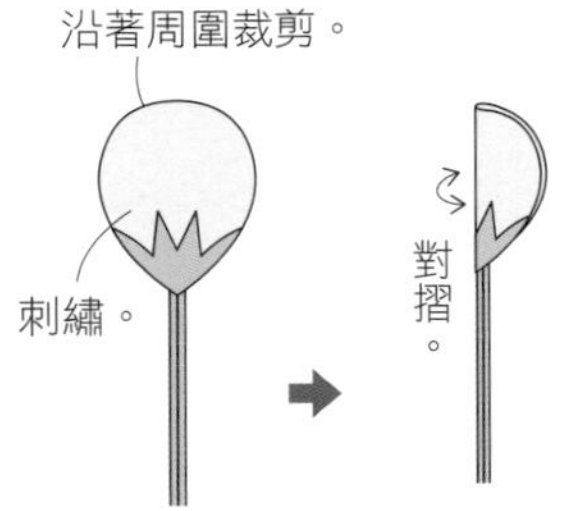

8.

＊ **作法**

作出13朵花、2個花苞、2片葉子，位置調整好之後集中成1束。再以花藝膠帶纏繞固定，綁上緞帶。

8的配色

花束的俯視圖

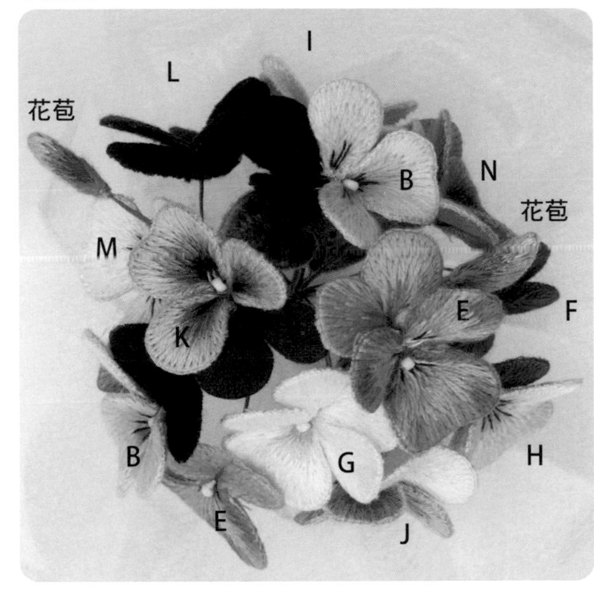

花束成品……直徑約15cm
花的成品……約4cm

9的配色

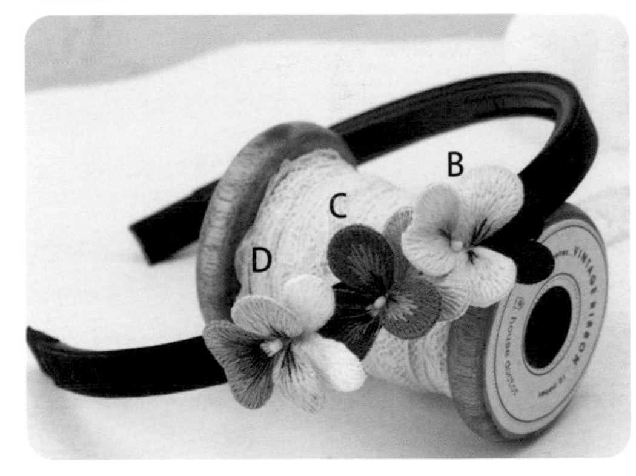

9.

＊ **花以外的材料**

髮箍
絲絨緞帶30cm

＊ **作法**

在髮箍上黏貼緞帶＆縫上花朵。

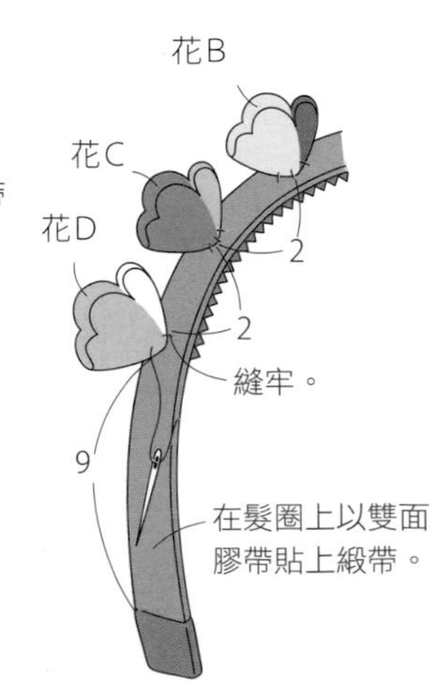

10・11.

＊ **花以外的材料**

附有底座的戒指（**10**）
附有底座的頸鍊（**11**）

＊ **作法**

將繡好的花縫在底座上。

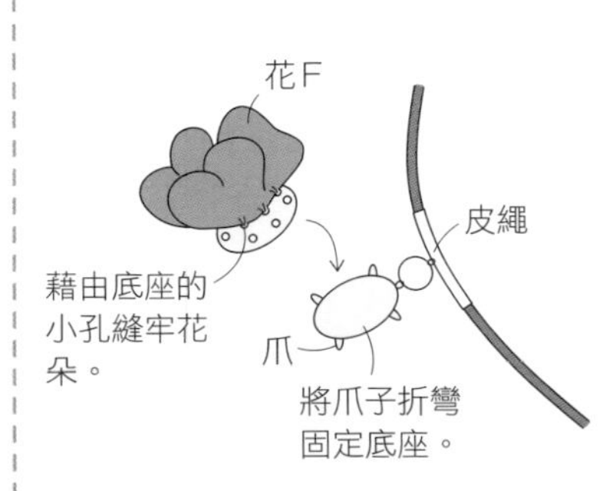

10・11的配色

p.8・p.9 幸運草

三葉幸運草可以直接以一片布來完成，
四葉幸運草則是以2組的2葉組合而成。

＊三葉幸運草　材料（1支）
25號繡線（986・988）※
麻布（薄）15cm×15cm
花藝鐵絲（綠色）＃30

＊四葉幸運草　材料（1支）
25號繡線（986・988）※
麻布（薄）15cm×15cm×2片
花藝鐵絲（綠色）＃30

＊幸運草的花　材料（1朵）
8號繡線（369・3865）
花藝鐵絲（綠色）＃30

※葉子A的配色

原寸紙型

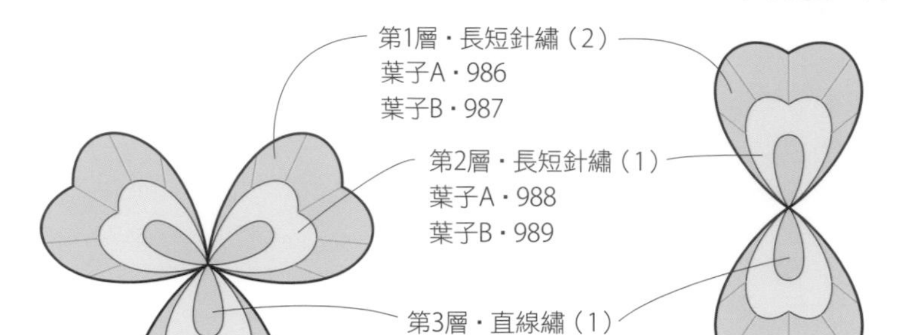

※（　）內的數字表示繡線的股數。

三葉幸運草

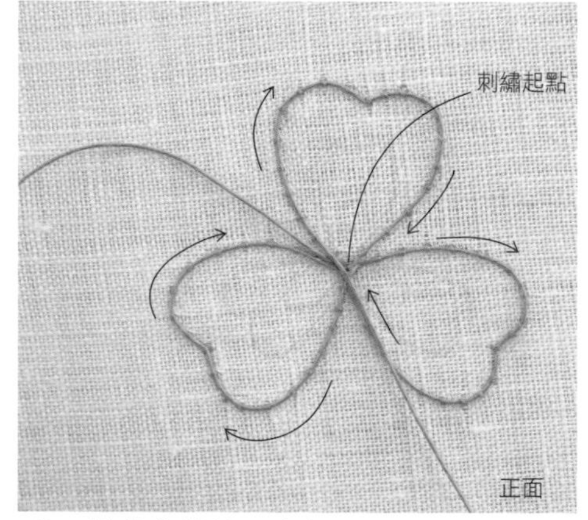

1　將花藝鐵絲兩端各預留8cm，以交會處為起點，一針到底將鐵絲固定於底布上。

2　第1層取2股繡縫進行長短針繡。

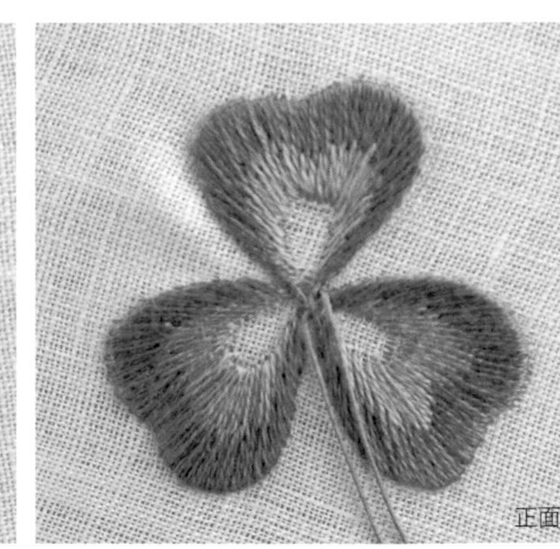

3　第2層取2股繡縫進行長短針繡。

4　第3層取1股繡縫進行直線繡。

5　取1股與第1層相同顏色的繡線在葉子輪廓上進行毛邊繡。刺繡至此暫告一段落。

6　將花藝鐵絲一端插入葉子正中心。

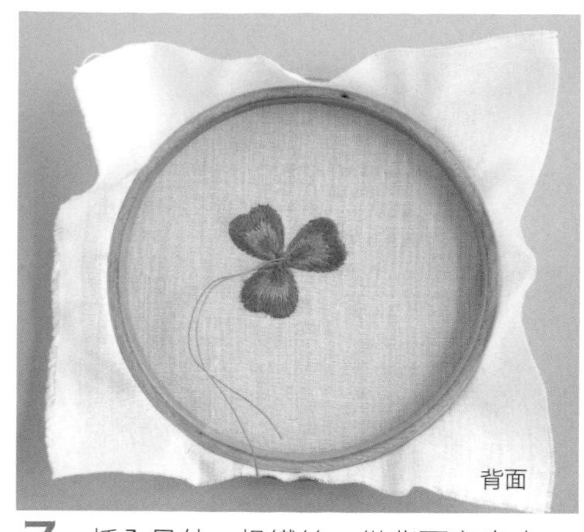

7 插入另外一根鐵絲，從背面穿出來。

8 沿著輪廓剪下。

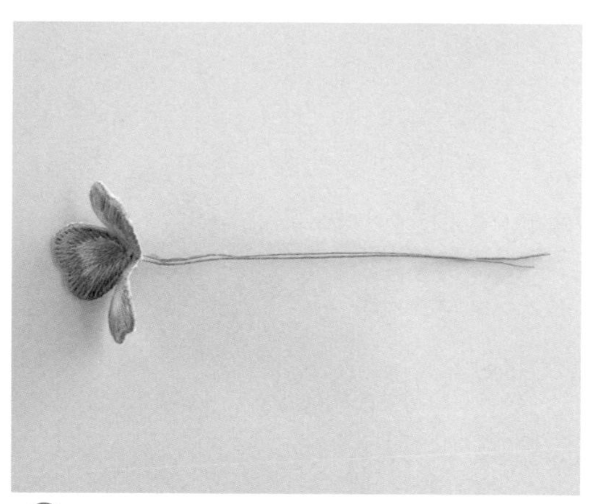

9 完成！

四葉幸運草

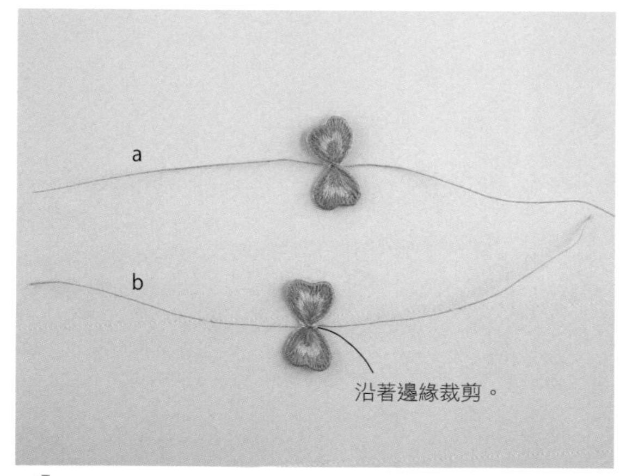

1 以兩片葉子為一組。其中一組自葉子基部將鐵絲裁剪掉一端

2 使a葉＆b葉如剪刀狀般交錯。

3 將3根鐵絲束成莖幹，再把四片葉子攤開並整理形狀。

4 在莖幹的鐵絲上塗上薄薄的一層漿糊。

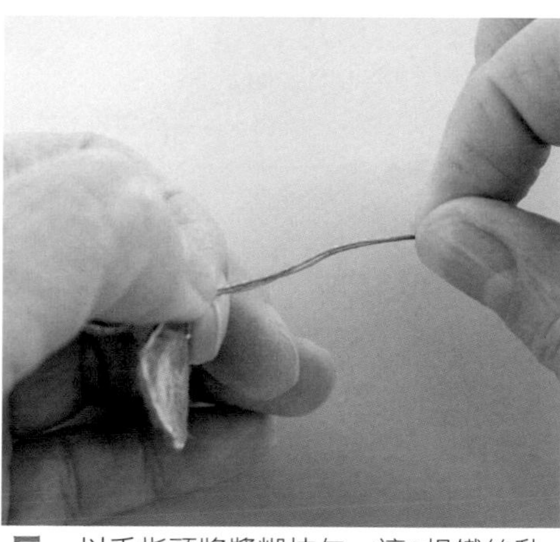

5 以手指頭將漿糊抹勻，讓3根鐵絲黏在一起。

6 漿糊乾燥後就完成了！

香豌豆花

花朵的作法與玫瑰相同。
香豌豆花的特色在於花朵的摺疊方式＆花蕊插入方式的不同。

＊材料（1朵）
25號繡線
（209・210・211・988・3865）※
麻布（薄）15cm×15cm
鐵絲＃34（裸線）
玻璃紗 4cm×4cm
黏性繃帶 3cm
花藝鐵絲（綠色）＃30
麥克筆（紫色）
※花E的配色。

1 繡製花片。再翻到背面在中心點位置繡出綠色花萼。

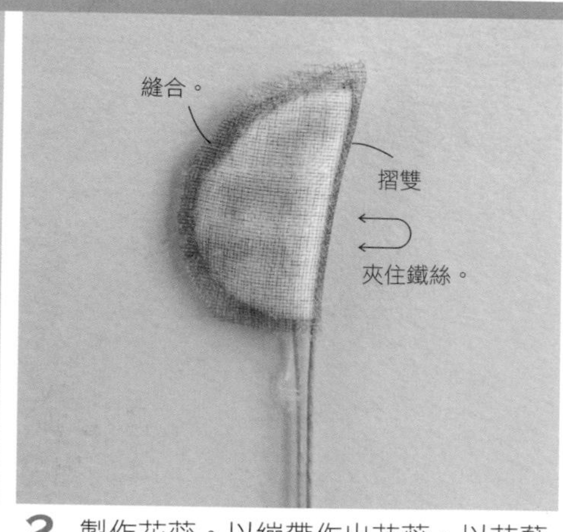

2 製作花蕊。以繃帶作出花蕊，以花藝鐵絲夾住，再以玻璃紗包裹後縫合輪廓，以麥克筆上色。在縫合線外預留0.2cm餘份裁剪下來。

3 對摺花片。

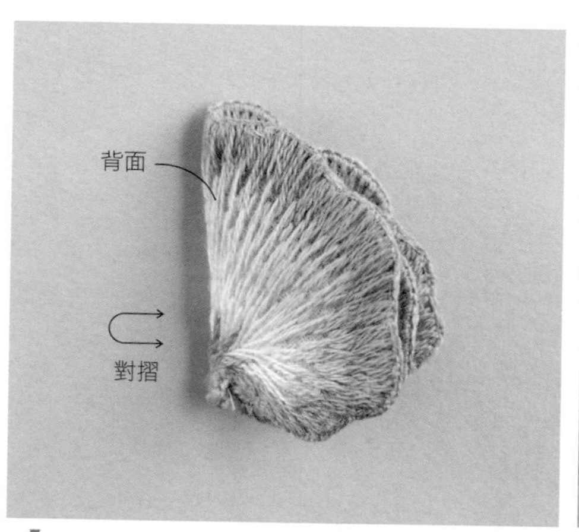

4 翻轉90度再度對摺。

5 將花蕊夾入花朵之間。

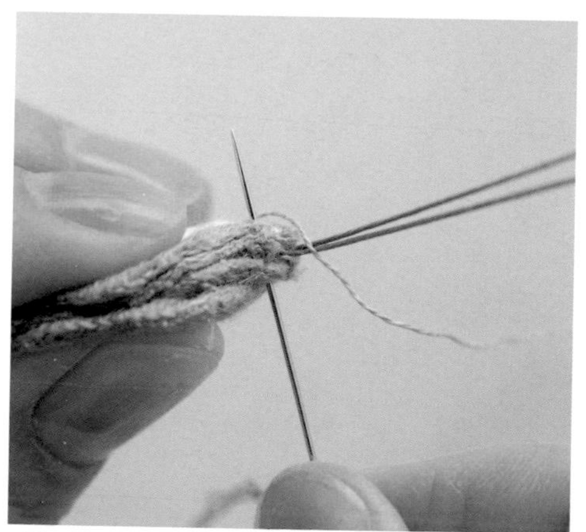

6 以不鬆散為原則，取1股繡線將花朵基部縫牢。

7 將花瓣撐開就完成了！

〈側視圖〉

＊花的種類　　以麻布製作的花（A至E）

A

第1層　602（2）
第2層　603（2）
第3層　604（2）
第4層　605（2）
第5層　3865（1）

B

第1層　603（2）
第2層　604（2）
第3層　605（2）
第4層　605（2）
第5層　3865（1）

C

第1層　3608（2）
第2層　3609（2）
第3層　3609（2）
第4層　3865（1）+3609（1）
第5層　3865（1）

D

第1層　819（2）
第2層　3865（2）
第3層　3865（2）
第4層　3865（2）
第5層　3865（1）

E

第1層　209（2）
第2層　210（2）
第3層　211（2）
第4層　211（2）
第5層　3865（1）

以玻璃紗製作的花（F至H）

花的成品⋯⋯約4cm

F

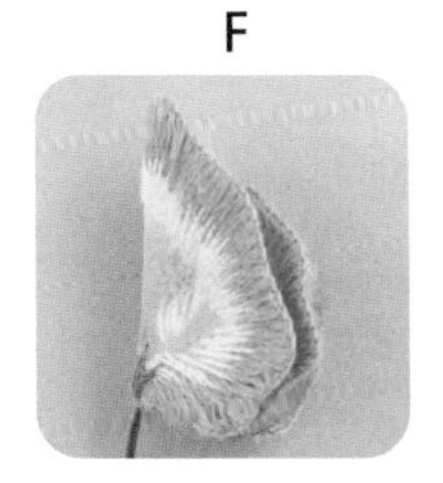

第1層　3609（2）
第2層　3865（1）

G

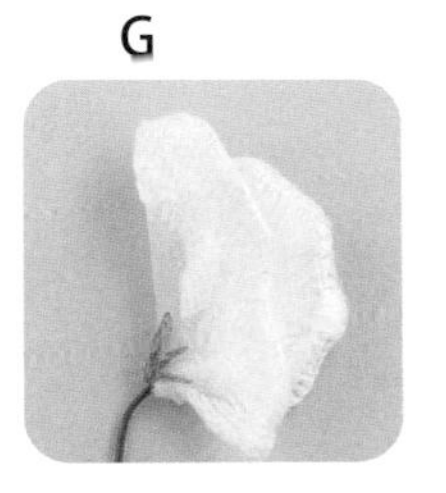

第1層　3865（2）
第2層　3865（1）

H

第1層　211（2）
第2層　211（1）

＊花的作法

將底布縫上鐵絲，進行刺繡製作花片。
使用麻布時進行五層的刺繡，使用玻璃紗時則只需進行前兩層的刺繡，第3至5層先暫時保留，另可參見P.52縫合花片&花蕊。

取1股與第1層同色的繡線縫牢。

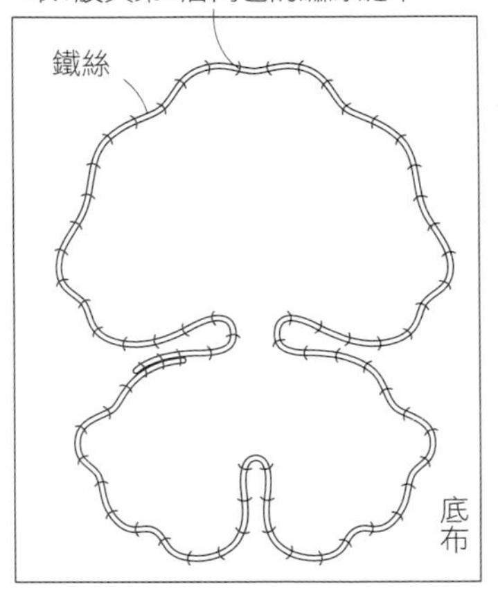

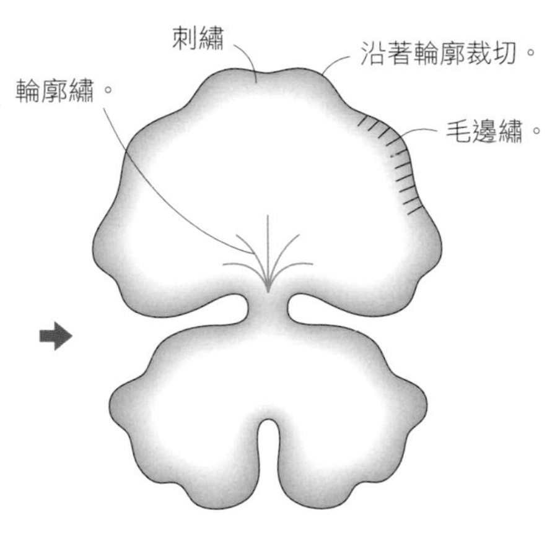

＊花蕊的作法

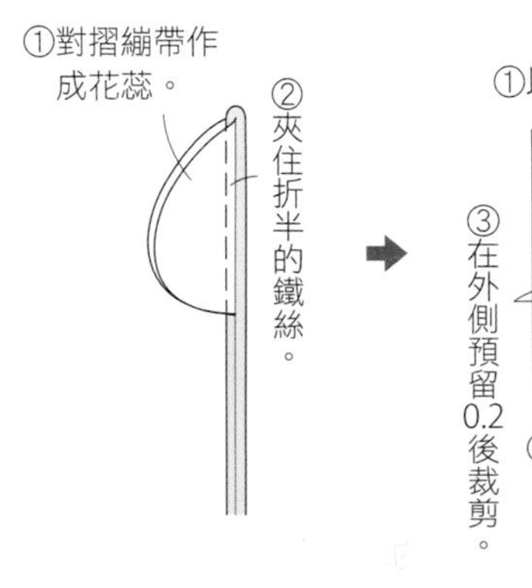

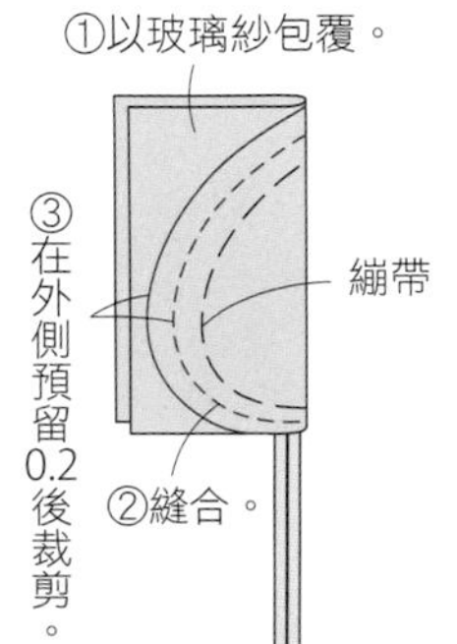

花蕊1片

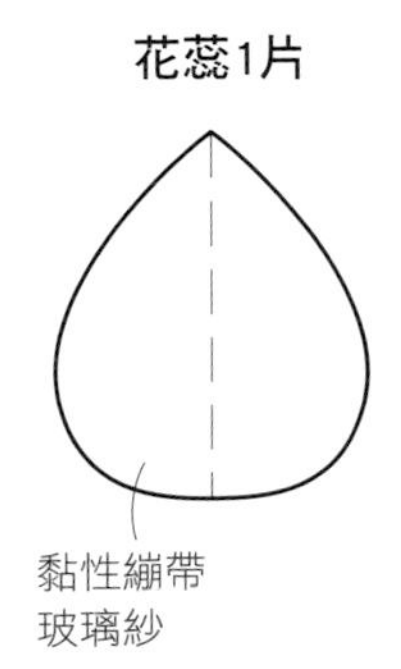

原寸紙型

花 1朵

第1至4層採長短針繡・2股
第5層採長短針繡・1股
花朵中心的花萼採輪廓繡・988・1股

第1層　第2層　第3層　第4層　第5層
刺繡方向
中央不刺繡。

p.12・p.13

18・19.

＊ 18的材料

25號繡線
（209・210・211・602・603・604
605・819・3608・3609・3865）
麻布（薄）15cm×15cm×8片
玻璃紗 15cm×15cm×2片（花用）
玻璃紗 12cm×6cm（花蕊用）
鐵絲＃34（裸線）
花藝鐵絲（綠色）＃28
黏性繃帶
麥克筆（粉紅色・紫色）
1.2cm緞帶 60cm

＊ 作法

製作8朵花。取2支花藝鐵絲纏繞圓棒，作成捲曲狀的藤蔓，再與花朵結合，打上緞帶。
※原寸紙型參見P.53。

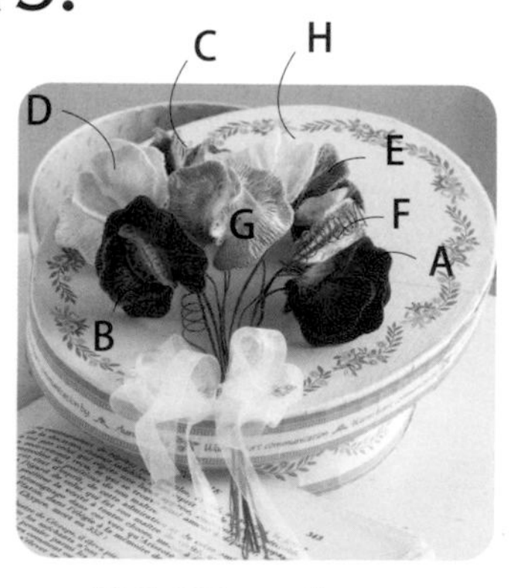

花朵成品……約4cm
花束長度……約18cm

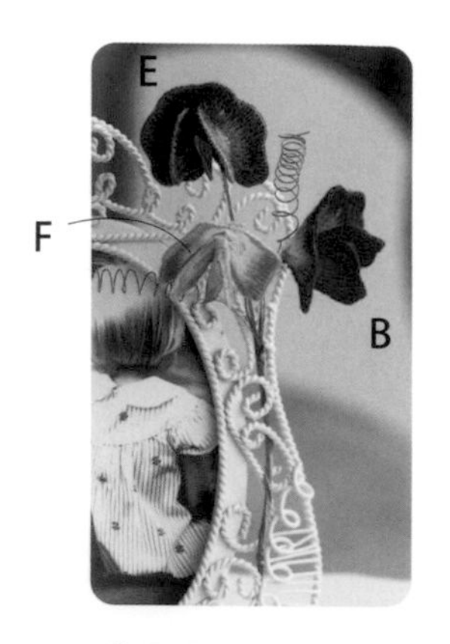

花朵成品……約4cm
花束長度……約18cm

＊ 19的材料

與18相同。
麻布 2片
玻璃紗 1片
花藝膠帶（綠色）

＊ 作法

製作花B、花E、花F。再作一根藤蔓，與花朵結合成束之後，以花藝鐵絲纏繞固定。

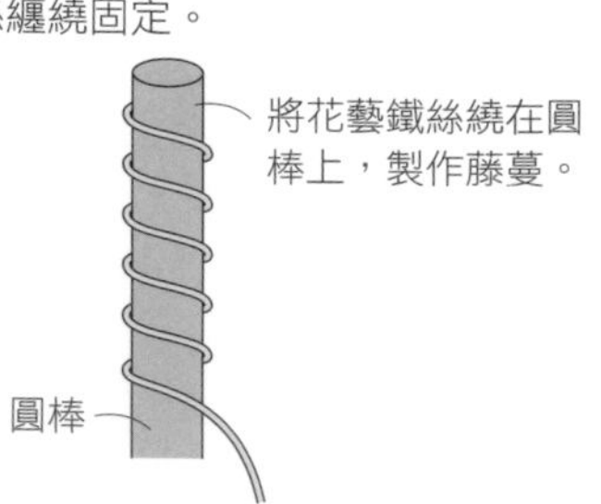

p.15

21・22. 非洲紫羅蘭

＊ 21的材料

25號繡線
（225・818・819・772・3865）
麻布（薄）15cm×15cm×11片
鐵絲＃34（裸線）
花藝鐵絲（綠色）＃30
小圓珠（白色）9個
小圓珠（黃綠色）2個
6cm寬的髮梳
0.5cm寬的絲絨緞帶 30cm
※原寸紙型參見P.55。
※花朵的作法同P.55。
※花A至C使用白色圓珠，花D使用黃綠色的圓珠。

＊ 作法

先作出6朵花A、2朵花B、1朵花C、2朵花D。將花藝鐵絲裁短纏繞在髮梳上，再繞上緞帶。

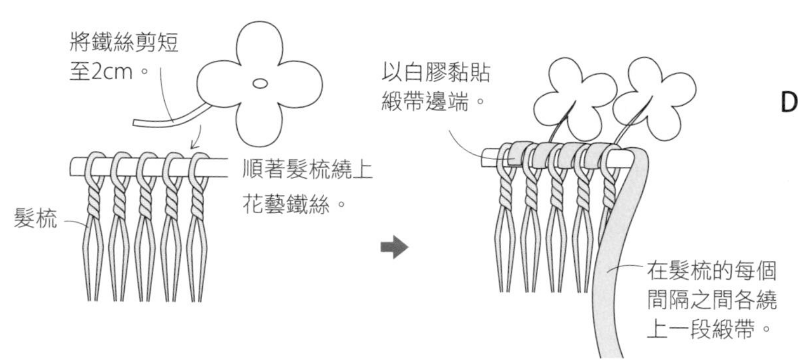

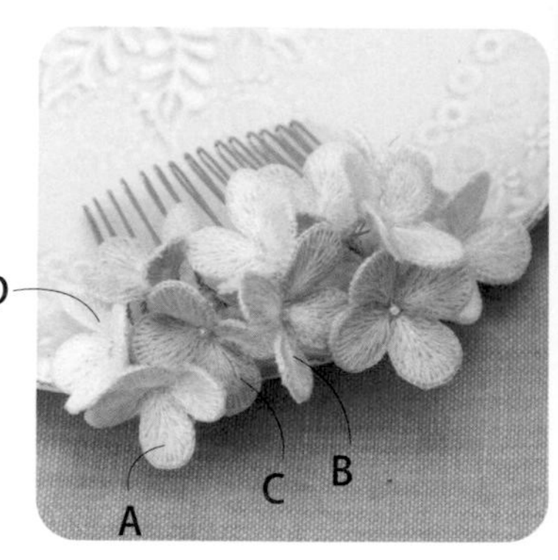

髮梳的寬度……約8cm

＊ 22的材料

25號繡線
（772・3865）
麻布（薄）15cm×15cm×2片
鐵絲＃34（裸線）
小圓珠（黃綠色）2個
耳環金屬配件
※原寸紙型參見P.55。
※花朵的作法同P.55。

＊ 作法

作出2朵花D後，不需使用花藝鐵絲，直接將珠子縫在花上。
接著將花縫牢在耳環金屬配件上。

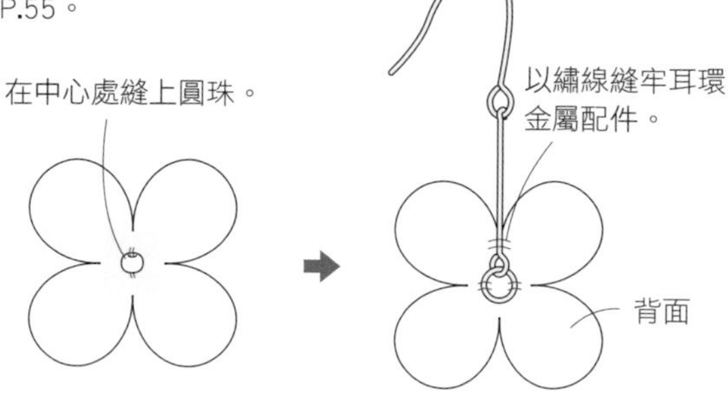

花朵成品……約3cm

20. 非洲紫羅蘭

＊ 材料

25號繡線
　花（369・772・3865）
　葉子（470・471）
麻布（薄）15cm×15cm×19片
鐵絲＃ 34（裸線）
花藝鐵絲（綠色）＃30
小圓珠（黃綠色）17個
花藝膠帶（綠色）
麥克筆（綠色）

＊ 作法

先作出14朵花D、3朵花E、2片葉子。將花＆葉子整理至適當形狀，集合成一束，再纏上花藝膠帶。

花束成品……直徑約12cm

＊ 花的作法 掌握住一針到底的要領，在底布上縫牢鐵絲。完成刺繡後，沿著輪廓裁剪。再將串有圓珠的鐵絲插入花片中心點。

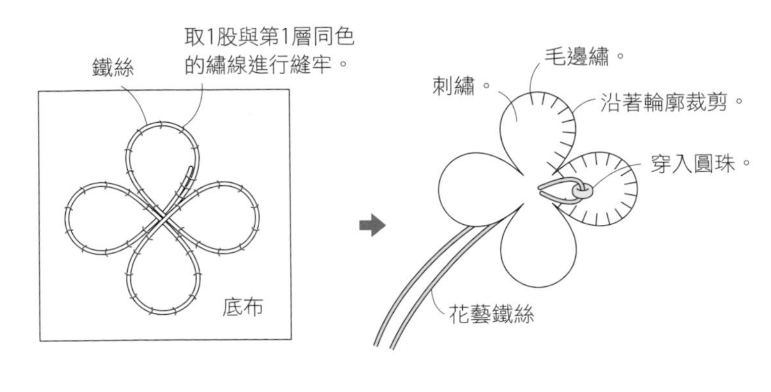

＊ 葉子的作法 將底布縫上鐵絲，以麥克筆塗滿葉子輪廓內側。完成刺繡後，沿著輪廓裁剪。

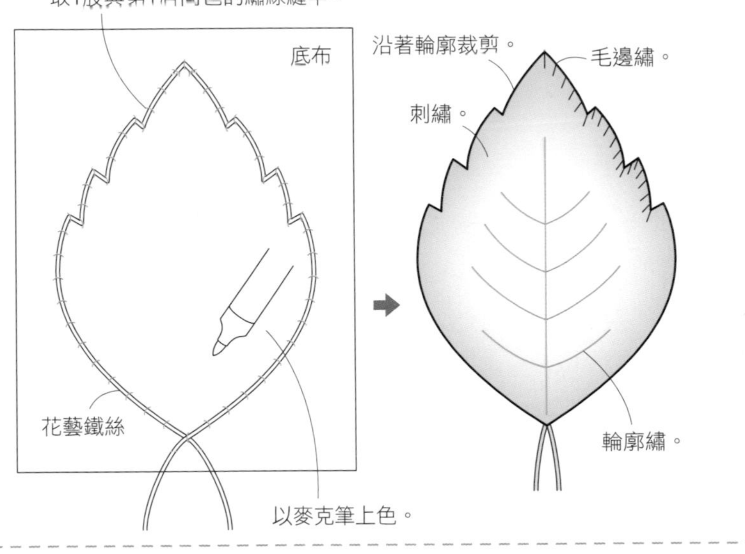

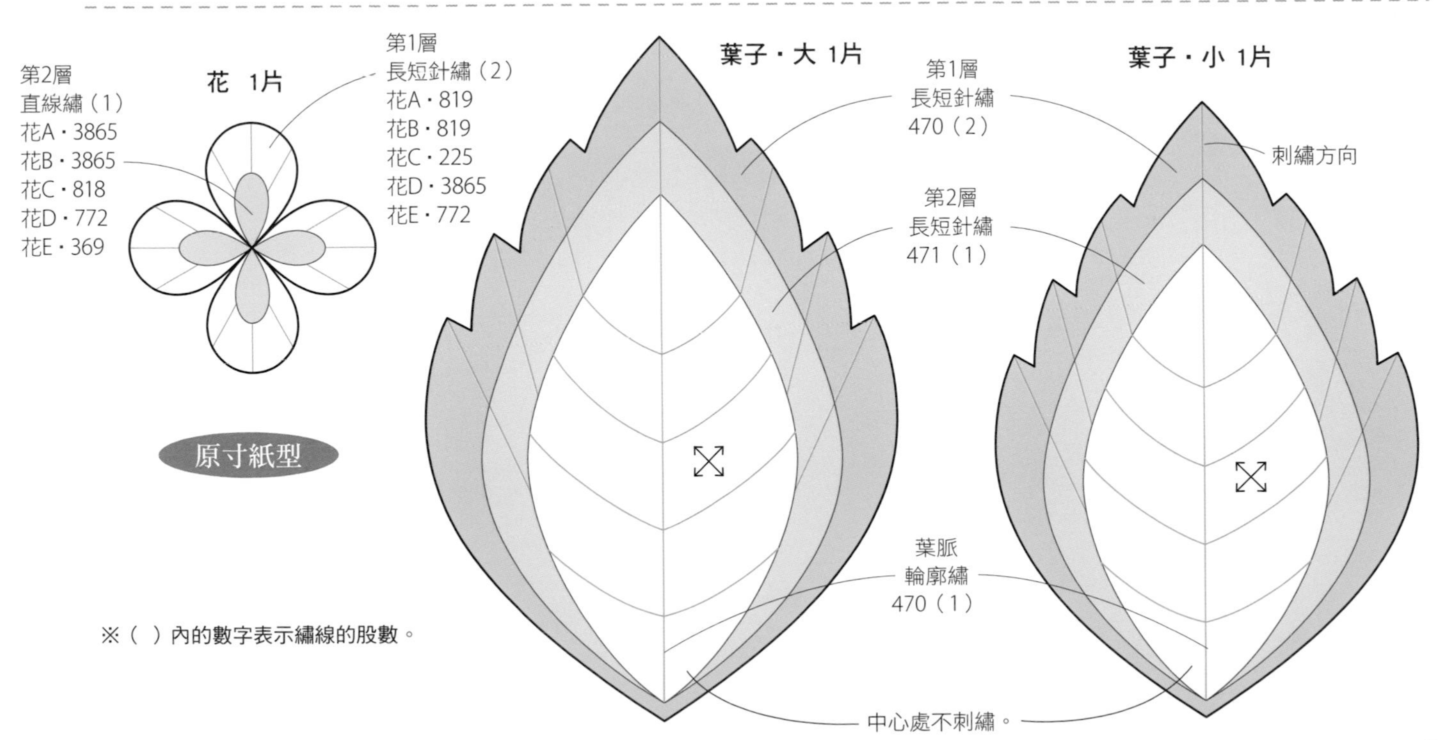

※（ ）內的數字表示繡線的股數。

p.16・p.17 水仙

為了表現出透明感的花蕊，在此使用瑞士玻璃紗。

＊材料（1朵）

25號繡線（3865・772・743）
麻布（薄）15cm×15cm
瑞士玻璃紗 2cm×4cm
鐵絲＃34（裸線）
花藝鐵絲（白色）＃30
珠心花蕊・極細 3支
黏性繃帶 7cm
麥克筆（黃色・綠色）

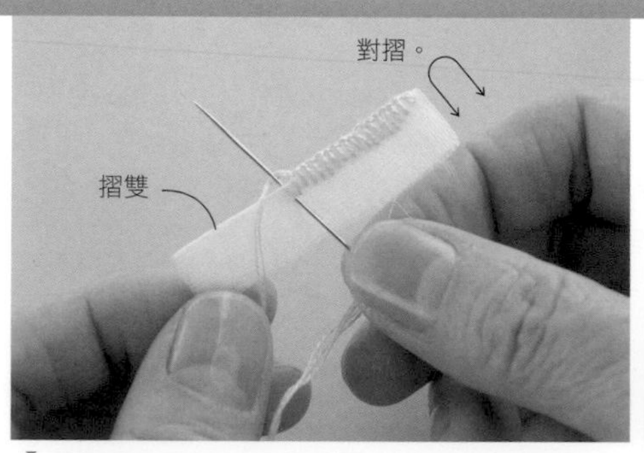

1 先將玻璃紗寬邊對摺，再取2股黃色（743）繡線在對摺線上仔細地進行毛邊繡。

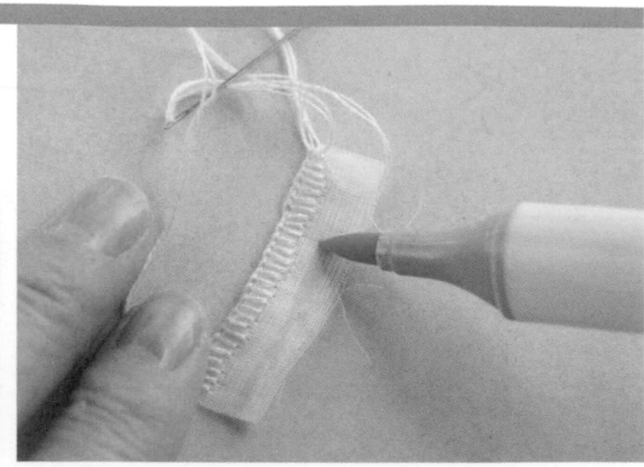

2 先保留繡線不剪斷，在其他部分以麥克筆塗上黃色作為花朵基部。

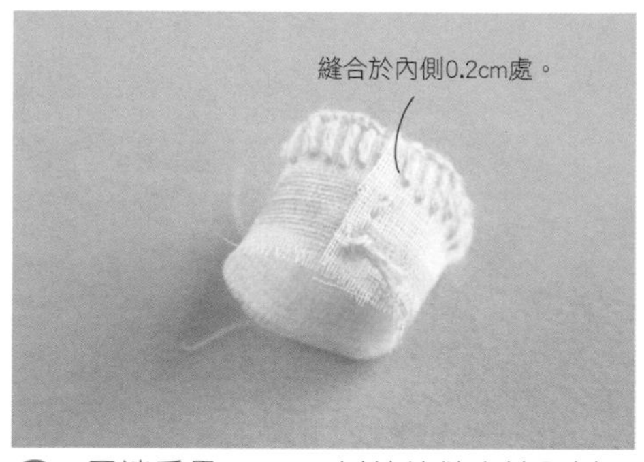

3 尾端重疊0.5cm，以繡線縫合於內側0.2cm處。

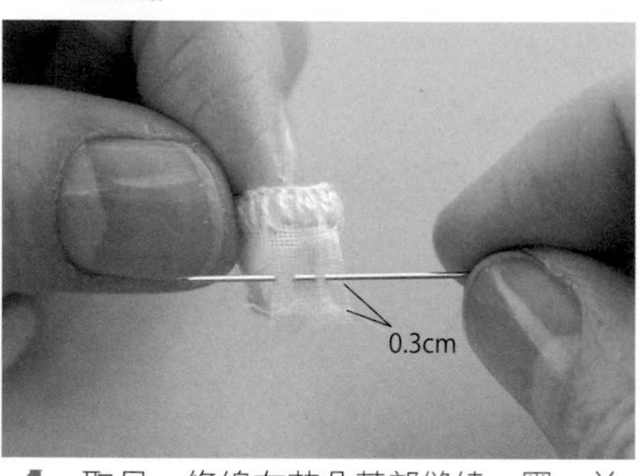

4 取另一條線在花朵基部縫繞一圈，並將線直接留在玻璃紗上。

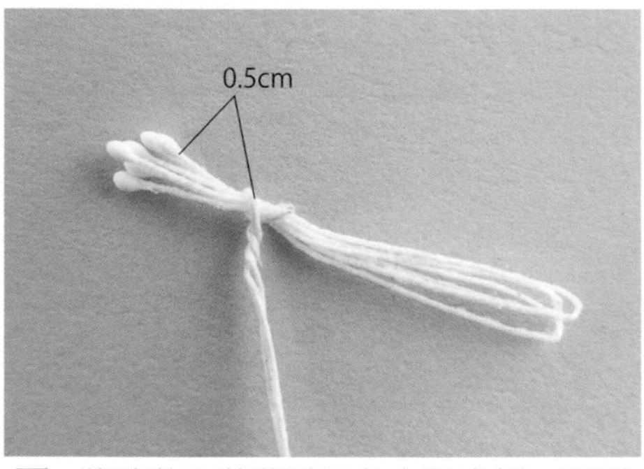

5 將珠蕊＆花藝鐵絲各自對半折，再以花藝鐵絲將珠蕊扭轉固定。

6 將珠蕊的鐵絲穿過花蕊，繞緊花蕊的繡線，再將珠蕊的前端珠子整理集中。

7 縫合珠蕊＆花蕊，縫線則預留不剪。

8 繡製花片，在中心點開一個孔，連著花蕊穿入珠蕊的鐵絲。將花朵調整至含苞狀，翻至背面縫牢固定。

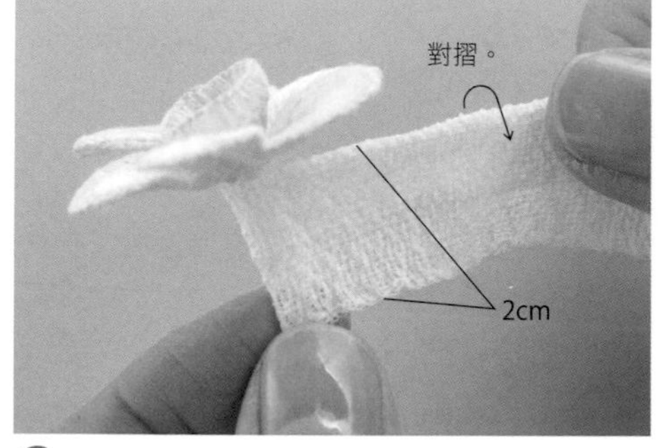

9 將繃帶上端向下摺至2cm寬，以繃帶包覆鐵絲＆珠蕊的底部。

10 將花朵基部中央兩側作出膨脹感，以綠色麥克筆上色。

11 將花瓣展開就完成了！

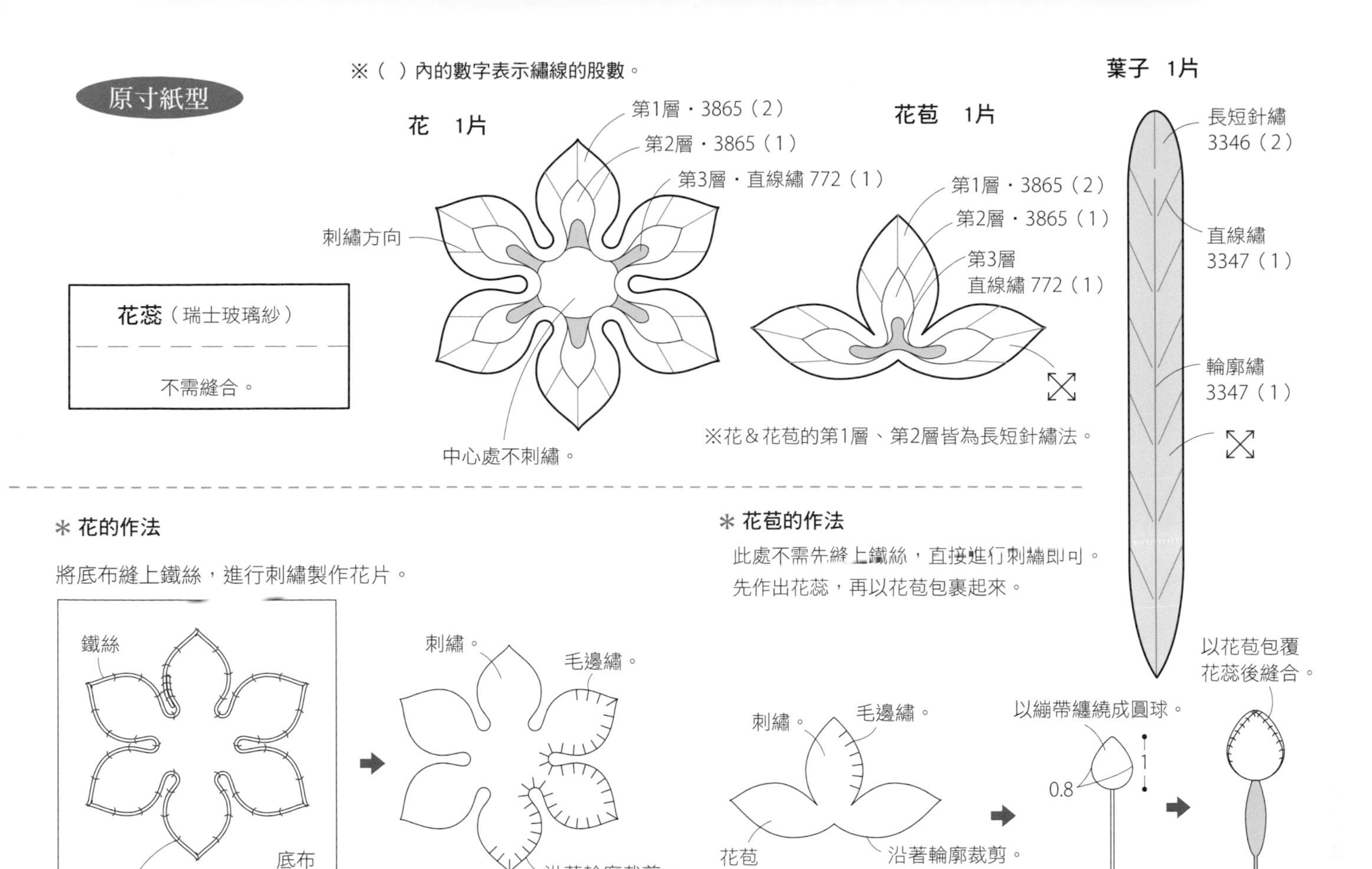

＊ 花的作法

將底布縫上鐵絲，進行刺繡製作花片。

＊ 花苞的作法

此處不需先縫上鐵絲，直接進行刺繡即可。
先作出花蕊，再以花苞包裹起來。

＊ 葉子的作法

將底布縫上花藝鐵絲，繡製葉子。

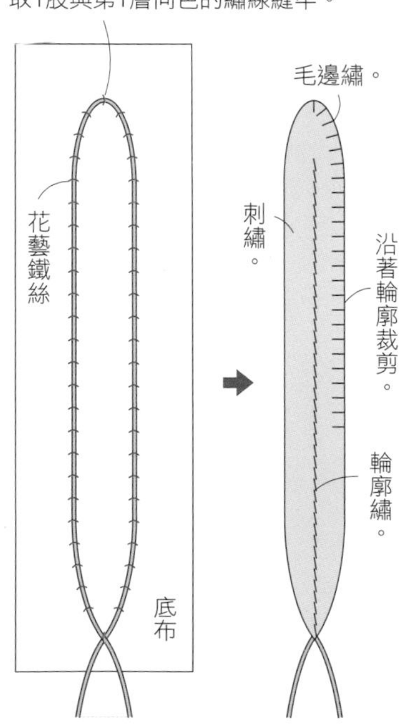

23.

＊ 材料

25號繡線
　花（743・772・3865）
　葉子（3346・3347）
麻布（薄）15cm×15cm×7片
瑞士玻璃紗 6cm×4cm
鐵絲＃34（裸線）
花藝鐵絲（白色・綠色）＃30
珠光蕊心・極小 9支
黏性繃帶
花藝膠帶（綠色）
麥克筆（黃色・綠色）

＊ 作法

製作3朵花、2朵花苞、2支葉子，調整整體外形，再以花藝膠帶固定成一束。

花束成品……直徑約10cm

24.

＊ 材料

25號繡線（743・772・3865）
麻布（薄）15cm×15cm×4片
瑞士玻璃紗 6cm×4cm
鐵絲＃34（裸線）
花藝鐵絲（白色）＃30
珠光蕊心・極小 9支
黏性繃帶
附有網片的髮釵配件
麥克筆（黃色・綠色）

＊ 作法

製作3朵花＆1朵花苞，
插入配件上的網孔內固定。

花的成品……約4cm

花3支
花苞1支
穿過網片
髮釵配件

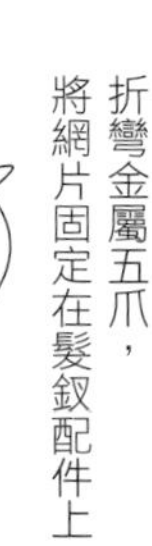

p.18・p.19

野莓

以繡線纏繞木珠作成野莓。
加上串珠則可作成樹莓或黑莓。

＊材料（果實1個）
直徑6mm木珠 1個
大圓串珠（紅色）
25號繡線

※根據需要的莓果大小，
　變換使用的木珠尺寸。
　若想以小圓串珠或大圓串珠裝飾成樹莓，
　建議挑選6mm的木珠最適合。
※使用圓頭的22號十字繡針。

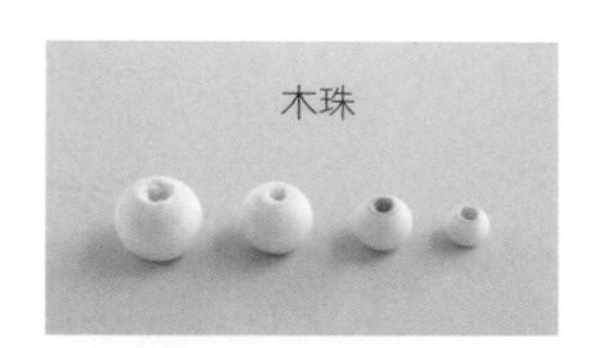

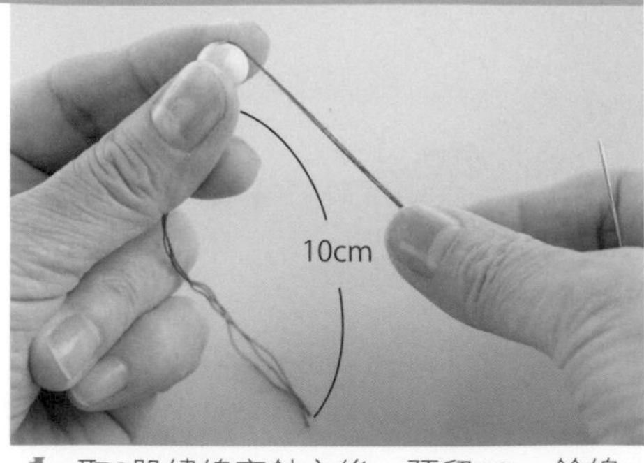

1 取3股繡線穿針之後，預留10cm餘線，穿入木珠。

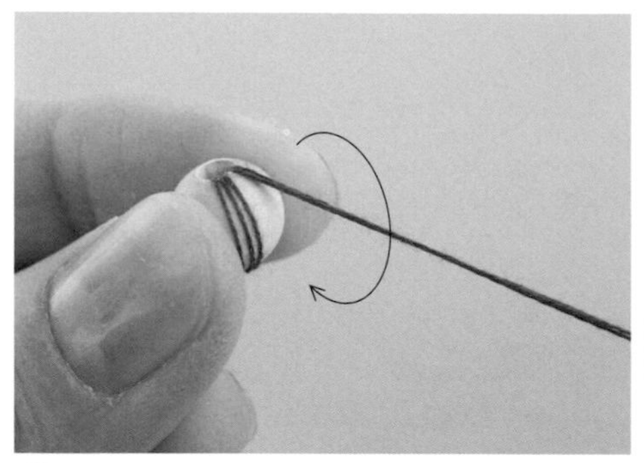

2 按住線頭一端，將針反覆穿入木珠孔中，繡滿木珠的表面。

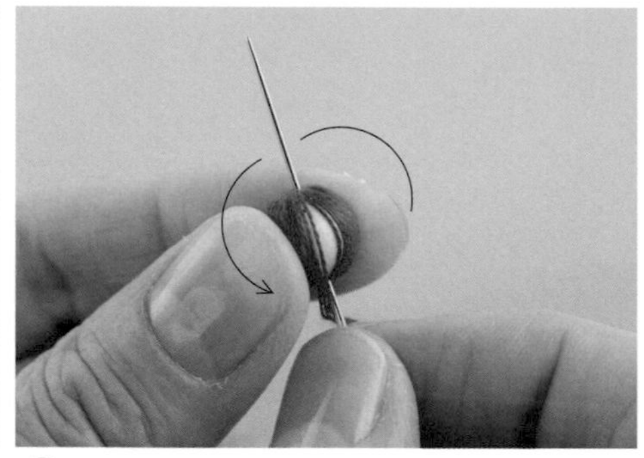

3 填滿縫隙，一圈一圈縫上繡線.

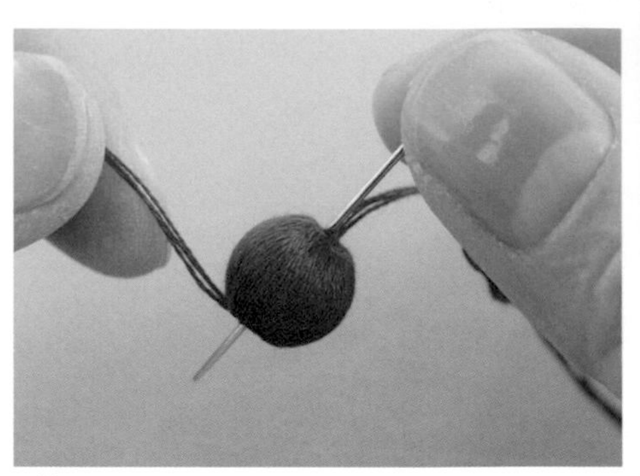

4 最後穿過珠孔朝下出針。

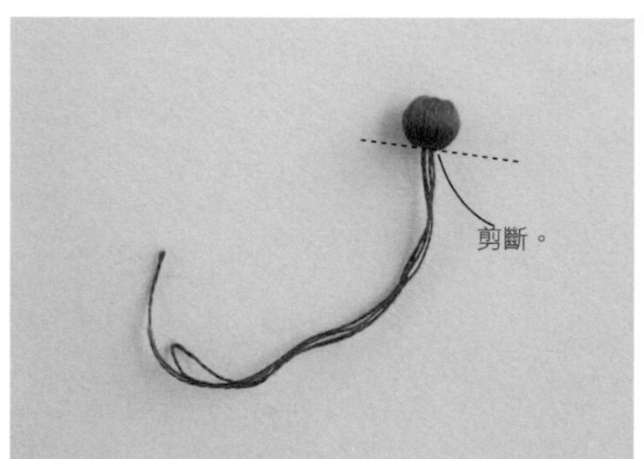

5 剪斷多餘的繡線，完成莓果的基本形。製作樹莓時，則需保留繡線以便繼續後續的步驟。

應用篇・樹莓

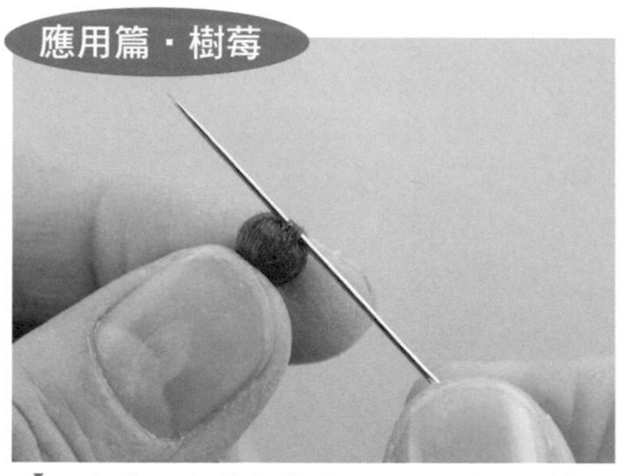

1 在莓果上縫上串珠。取2股繡線，橫向挑線入針。

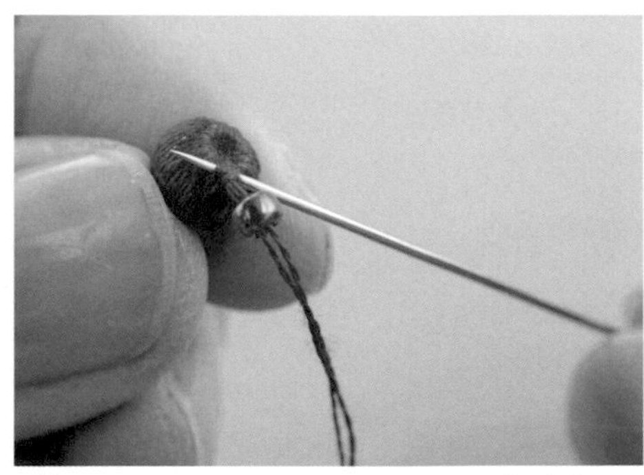

2 從針上穿入串珠，繼續挑線的動作。

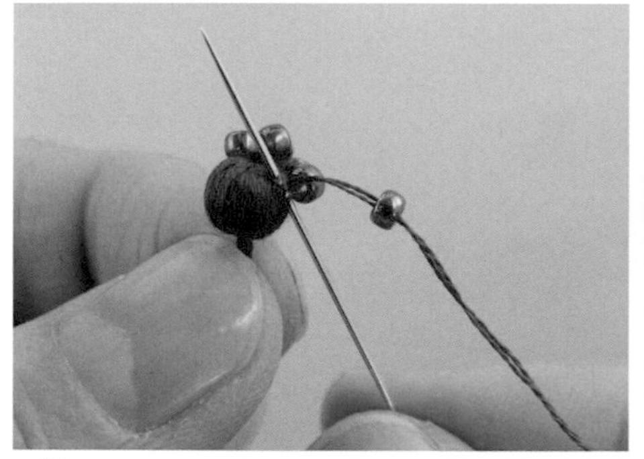

3 由上而下持續作業。建議手持線端，另一手繼續縫上串珠會比較順手。

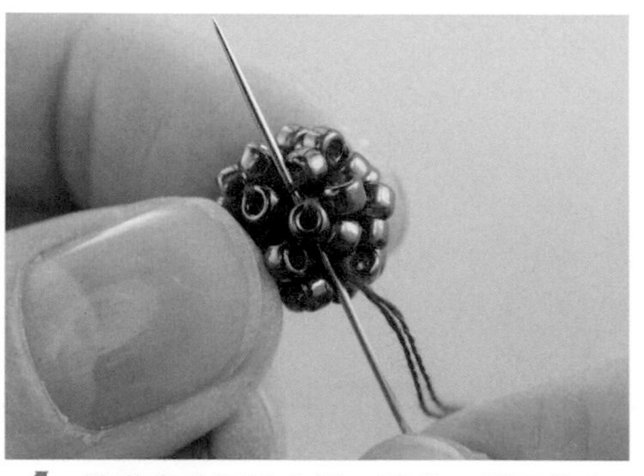

4 縫滿串珠至最底部，最後一針回縫之後剪斷繡線。之前留下的繡線也一併剪去。

5 完成！

25.

畫框尺寸 17.5cm
花圈直徑 約6cm

＊材料

25號繡線
（115・154・321・469・471
815・939・3740）
麻布（薄）15cm×15cm×5片
花藝鐵絲（綠色）＃30
木珠 直徑 6mm 16個
直徑 8mm 5個
直徑 10mm 2個
大圓串珠（TOHO 331・TOHO 82）適量
編織定型線（Memory Thrend）
（6080）60cm
方形畫框 外徑17.5×17.5cm
內徑12×12cm
底布（尼龍絲）、棉襯 各15cm×15cm

＊果實的作法

在木珠上縫上繡線，作成莓果。

＊葉子的作法

將底布縫上花藝鐵絲，繡製葉子。

＊組合方式

重疊底布＆棉襯，裝入畫框中。
先將編織定型線捲成圓圈狀，縫在底布上固定，再縫上調整好形狀的莓果＆葉子。

果實A／取2股815繡線繡滿6mm的木珠，再縫上大圓串珠331。
果實B／取2股939繡線繡滿6mm的木珠，再縫上大圓串珠82。
果實C／取3740繡線繡滿10mm的木珠，前端以毛邊繡填滿。
果實D／取115繡線繡滿8mm的木珠。
果實E／取154繡線繡滿8mm的木珠，前端以毛邊繡填滿。
果實F／取各色繡線繡滿6mm的木珠。

※（ ）內的數字表示繡線的股數。

＊組合方式

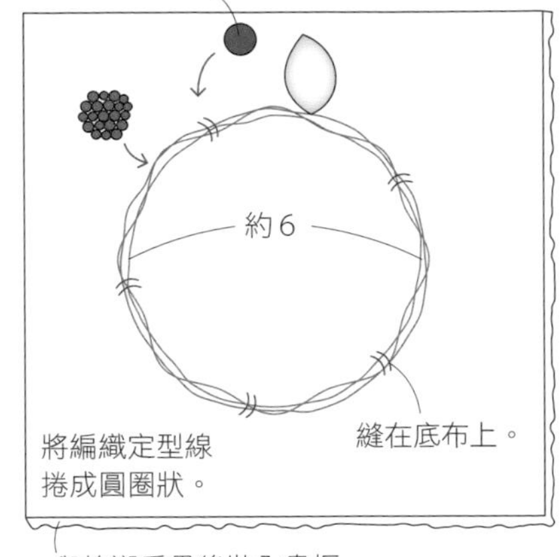

與棉襯重疊後裝入畫框。

原寸紙型

小葉子・3片

長短針繡
471（2）

大葉子・2片

第1層・長短針繡
469（2）
第2層・直線繡
471（1）

葉脈部分是輪廓繡
469（1）

刺繡方向

26・27.

＊26材料

25號繡線
（154・498・815・939・4045）
底布（米色麻布）15cm×10cm
棉襯 7cm×5cm
木珠 直徑 6mm 7個
直徑 8mm 2個
直徑 10mm 1個
直徑 3mm 3個（茶色）
小圓串珠（TOHO 82）適量
小圓串珠（Delica-DB 105）適量
包釦・胸針組 橢圓形55

＊27材料

25號繡線
（154・327・3834・4045）
底布（米色麻布）10cm×10cm
棉襯 5cm×5cm
木珠 直徑 8mm 3個
直徑 10mm 3個
包釦・胸針組 圓形45

＊作法

將木珠縫上繡線，作成莓果。
重疊底布＆棉襯後，包覆在包釦上，並以回針縫縫合。
在喜愛的位置上繡上葉子＆縫上事先作好的莓果。

飛羽繡。

26 **27**

E/154 A
B
E/498
C
E/815
D
D
C
E/815
G/327
F/154
F/327
G/154
G/3834
F/327

26的成品……寬約5.5cm
27的成品……直徑約4.5cm

F・G
在珠口周圍毛邊繡。
以繡線纏繞木珠。

E
以繡線纏繞木珠。

B・C

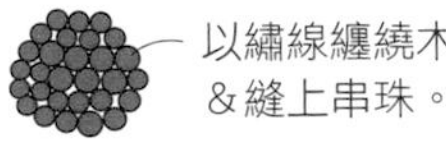

果實A／取2股498繡線繡滿10mm的木珠，再縫上3mm的木珠。
果實B／取2股939繡線繡滿6mm的木珠，再縫上小圓串珠82與DB 105。
果實C／取2股498繡線繡滿6mm的木珠，再縫上小圓串珠DB 105。
果實D／取939繡線繡滿8mm的木珠，再縫上3mm的木珠。。
果實E／取各色繡線繡滿6mm的木珠。
果實F／取各色繡線繡滿8mm的木珠，前端以毛邊繡填滿。
果實G／取各色繡線繡滿10mm的木珠，前端以毛邊繡填滿。
葉子／取2股4045繡線進行飛羽繡。

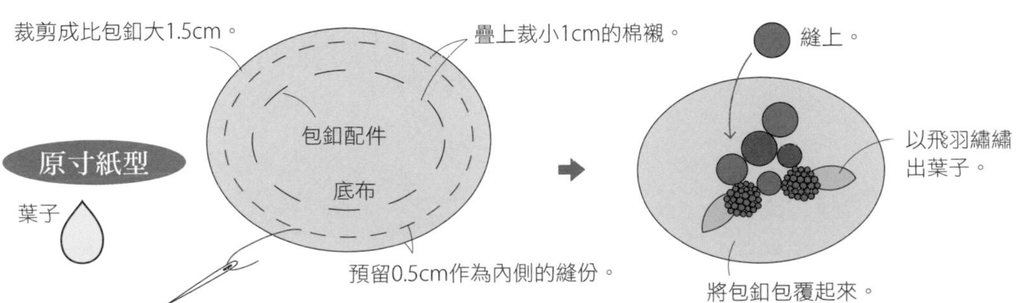

p23

31・32. 槲寄生&柊木

＊32的材料

25號繡線
　葉子（500・501・520）
　果實（321・498・814・815）
麻布（薄）15cm×15cm×8片
花藝鐵絲（綠色）＃30
直徑6mm的木珠 17個
寬7mm 的絲絨緞帶70cm

＊31的材料

25號繡線
　葉子（369・772・927・3072・3813）
　果實（S739・S762・S5200）
麻布（薄）15cm×15cm×16片
花藝鐵絲（白色）＃30
直徑6mm的木珠 16個
寬7mm 的絲絨緞帶70cm

＊作法

將底布縫上花藝鐵絲，繡製葉子。
取2股各色繡線纏繞木珠作出果實。
31以花藝鐵絲將3至4個木珠串在一起。
32以葉子的鐵絲穿過木珠。
將葉子的鐵絲集成一束圍成直徑約7cm的圈環。
最後繞上緞帶，打一個蝴蝶結。

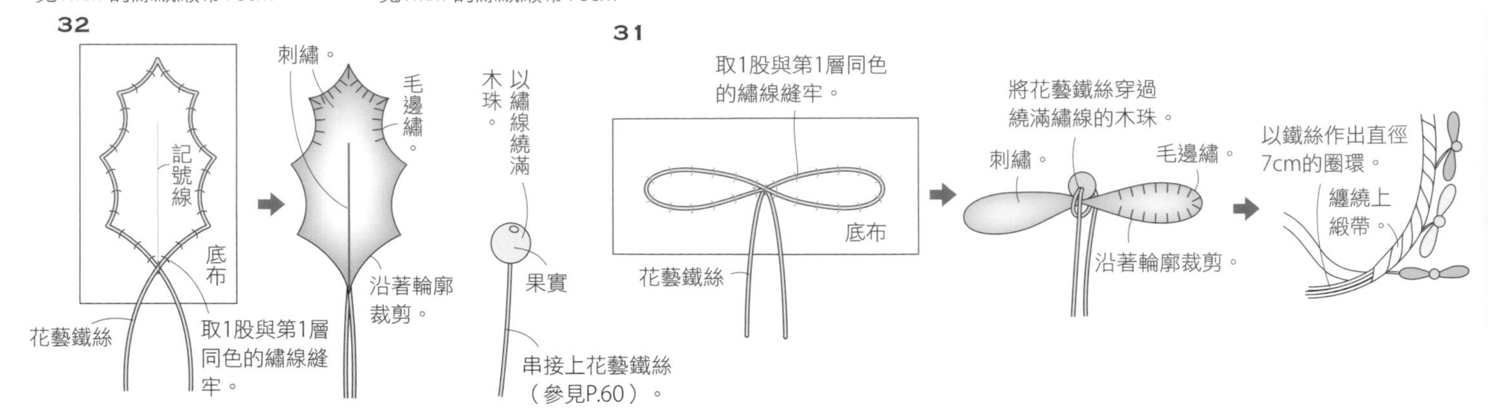

32

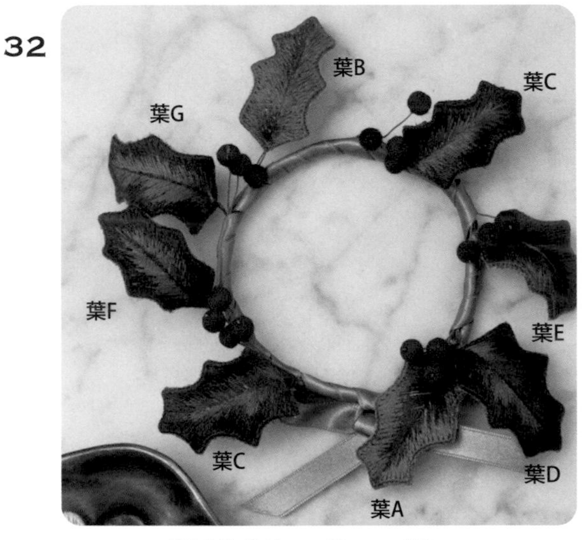

葉子的成品……約4.5cm至5cm
花圈的直徑……約15cm

31

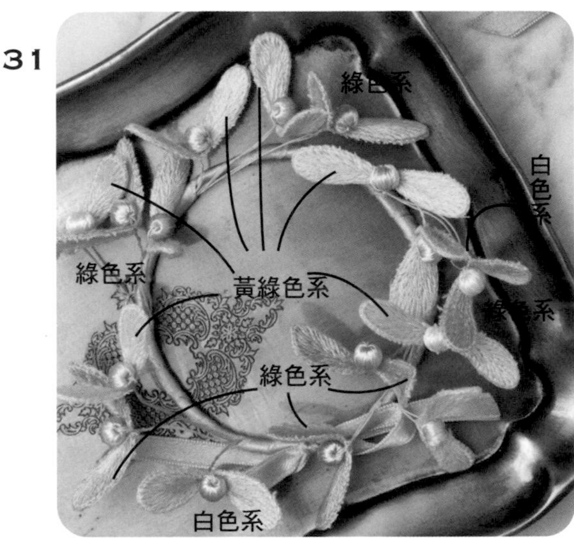

葉子的成品……約4.5cm
花圈的直徑……約12cm

葉子的顏色
黃綠色系
……772・369
綠色系
……3813
白色系
……927・3072

果實的顏色
金色……S739
銀色……S762
白色……S5200

原寸紙型

32 葉子・大 1片

第1層・長短針繡（2）
葉A・501
葉B・501
葉C・500

第2層・長短針繡（1）
葉A・500
葉B・520
葉C・501

輪廓繡（1）
葉A・500
葉B・520
葉C・500

葉子・小 1片

第1層・長短針繡（2）
葉D・501
葉E・500
葉F・520
葉G・500

輪廓繡（1）
葉D・520
葉E・520
葉F・520
葉G・500

第2層・長短針繡
葉D・520
葉E・520
葉F・500
葉G・520

刺繡方向

※（ ）內的數字表示繡線的股數。

31 葉子 1片

第1層・長短針繡（2）
第2層・直線繡（1）

p24

33・34・35. 山茶花

＊ **材料**（1朵）
25號繡線
33（3893）
34（3865）
35（779）
麻布（中厚）15cm×15cm×2片
鐵絲＃30（裸線）
黏性繃帶
2.5cm胸針

＊ **花的作法**

1 將底布縫上鐵絲進行刺繡，分別繡出內側＆外側的花片。

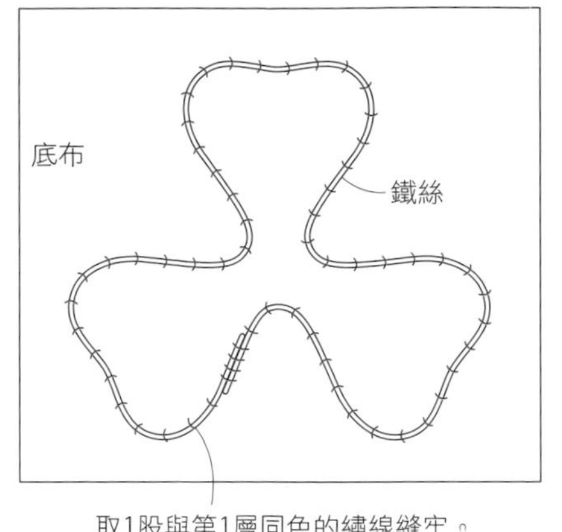

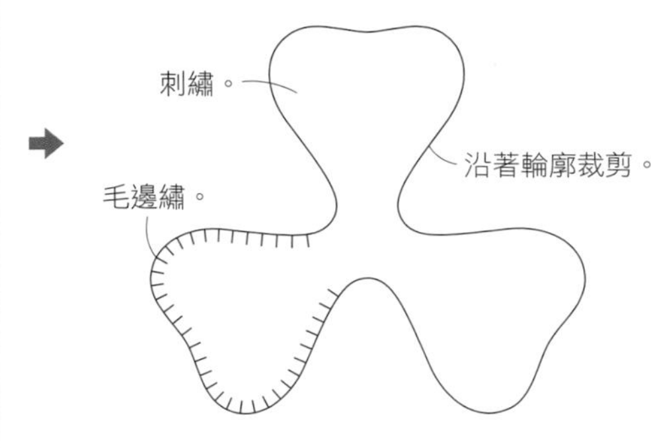

2 製作花蕊＆以內側的花瓣包覆起來，再結合外側花瓣，縫合固定。

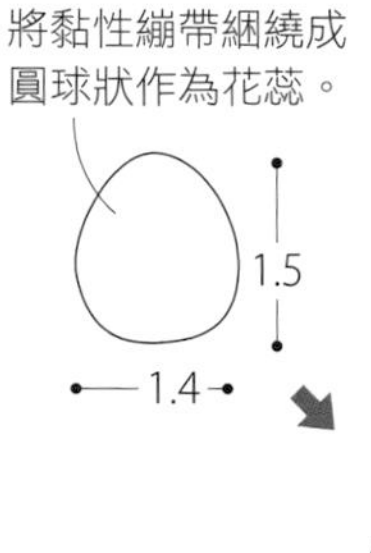

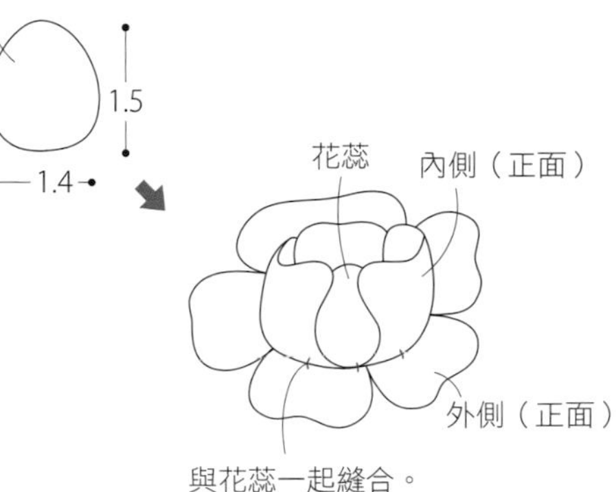

3 在背面縫上胸針。

縫上胸針。
外側（背面）
將胸針縫在花朵
偏上的位置。

花的成品……約7cm

皆以同一顏色的繡線進行縫繡。

原寸紙型

花片・內側　1片

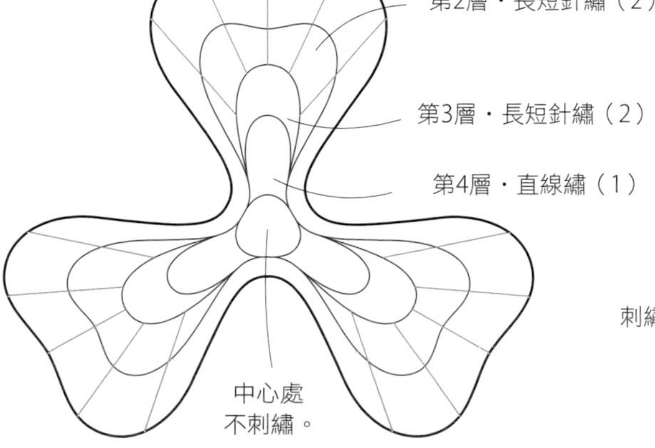

第1層・長短針繡（2）

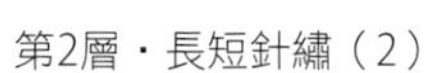

第3層・長短針繡（2）
第4層・直線繡（1）

花片・外側　1片

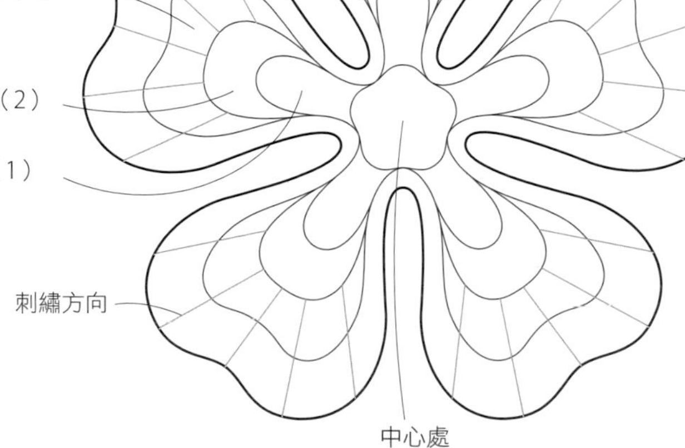

花・葉・果實の立體刺繡書(暢銷版)
以鐵絲勾勒輪廓,繡製出漸層色彩的立體刺繡

作　　者/アトリエ Fil
譯　　者/詹鎧欣
發 行 人/詹慶和
選 書 人/Eliza Elegant Zeal
執行編輯/陳姿伶
編　　輯/蔡毓玲・劉蕙寧・黃璟安・陳昕儀
封面設計/周盈汝・陳麗娜
美術編輯/韓欣恬
內頁排版/造極
出 版 者/Elegant-Boutique新手作
發 行 者/悅智文化事業有限公司　　郵政劃撥帳號/19452608
戶　　名/悅智文化事業有限公司
地　　址/220新北市板橋區板新路206號3樓
網　　址/www.elegantbooks.com.tw
電子郵件/elegant.books@msa.hinet.net
電　　話/(02)8952-4078
傳　　真/(02)8952-4084

2016年2月初版一刷　2020年1月二版一刷　定價280元

Lady Boutique Series No.3970
HANA NO RITTAI SHISHU

經銷/易可數位行銷股份有限公司
地址/新北市新店區寶橋路235巷6弄3號5樓
電話/(02)8911-0825　傳真/(02)8911-0801

國家圖書館出版品預行編目(CIP)資料

花.葉.果實の立體刺繡BOOK : 以鐵絲勾勒輪廓,
繡製出漸層色彩的立體花朵。 / アトリエ Fil著;
詹鎧欣譯. – 二版. -- 新北市 : 新手作出版 : 悅智文
化發行, 2020.01
　面; 　公分. -- (趣.手藝 ; 58)
ISBN 978-957-9623-46-9(平裝)

1.刺繡

426.2　　108022136

アトリエ Fil
是由清弘子(左)、安井しづえ(右)兩人共同合作,在學習法式刺繡多年後,於2004年成立アトリエFil。致力於立體刺繡的工作,創作出將刺繡花瓣立體化的刺繡手法。此外,可愛的花瓣織片&色彩繽紛的※立體浮雕刺繡(Stumpwork)也擁有許多的粉絲。除了定期的展覽之外,同時也在文化中心擔任講師&在代代木上原的教室持續開班授課中。多次參與NHK「すてきにハンドメイド」(漂亮的手作小物)節目。曾出版《スタンプワークでパリのお菓子》(主婦之友出版)、《iPhone5ケースにスタンプワーク》(マガジンランド出版)等著作。

※Stumpwork/立體刺繡,一般稱之為立體浮雕刺繡。作品的一部分為立體&浮出於平面的狀態,多以繞線、捲線的方式呈現,有許多種技法。

http://www.atelier-fil.com/

Staff
編輯/新井久子・三城洋子
攝影/山本倫子・居木陽子(P.26至P.58)
裝禎設計/右高晴美
作法圖繪/Mondo Yumico

Stitch Book

Stitch Book